CALLWEY

Manuela von Perfall | Anja Hölper

WOHNEN MIT HUND

Besondere Menschen und ihre besten Freunde

Manuela von Perfall | Anja Hölper

WOHNEN MIT HUND

Besondere Menschen und ihre besten Freunde

Inhalt

Vorwort

Seit vielen Generationen besetzen die unterschiedlichsten Hunde unsere Sofas und Betten, liegen mitten im Weg zwischen Küche und Bad, fressen Stuhlbeine an und markieren mehr oder weniger diskret ihr Hoheitsgebiet. Türen sind in der jeweiligen Reichweite ihrer Pfoten zerkratzt, angekaute Plüschtiere verunzieren die Böden und ein Chaos aus verknoteten Leinen und erdverkrusteten Halsbändern schmückt den Hauseingang. Warum um Himmels Willen wohnen wir mit Hunden zusammen?

Mein Vater hatte auf diese naheliegende Frage die einfache und radikale Antwort: „Ohne Hund ist man kein Mensch." Und so drückte er mir zum sechsten Geburtstag einen Pekinesen namens Moufti in den Arm, der fortan im Puppenwagen schlief, mich von der Schule abholte und Mäuse apportierte. Bis heute habe ich keine fünf Minuten ohne vierbeinige Begleiter verbracht. Und sollte jemand vorwurfsvoll auf die durchgelegenen Hundebetten im Schlafzimmer schauen, ist ihm leider nicht zu helfen. Denn was sind schon matschige Pfotenspuren gegen bedingungslose Liebe? Wer nörgelt über Haare auf dem dunklen Anzug, wenn er nach dem Geschäftstermin mit unbändiger Wiedersehensfreude belohnt wird? Und warum die Aufregung über ein Loch im Teppich, sieht man in dunkle Hundeaugen und spürt eine zärtliche Pfote auf dem Knie? Wer mit Hunden wohnt, setzt Prioritäten. Oder, wie Helga Pferschy es formuliert: „Das Zusammenleben mit Hunden ist nichts für pingelige Putzteufel."

Alle, die uns einen Einblick in ihre spezifische Wohngemeinschaft gegeben haben, verzichten in ihren vier Wänden gut gelaunt auf porentiefe Reinheit und heilige Stille – egal, ob sie im Bau- oder Bauernhaus leben, auf der Burg oder im Schloss, in der Stadt oder auf dem Land. Das bedeutet aber nicht, dass zugunsten pflegeleichter Materialien auf Ästhe-

tik und Qualität verzichtet wurde. Seidene Kissen sind in Hundehäusern ebenso präsent wie hochflorige weiße Teppiche, kostbare Antiquitäten und formvollendetes Design. Vielleicht wächst die Lust auf ein individuell gestaltetes Zuhause sogar mit der Entscheidung für einen vierbeinigen Mitbewohner.

„Ein Hund ist ein Herz auf vier Beinen."

(Irisches Sprichwort)

Denn ein Dalmatiner auf dem schwarz-weißen Kachelboden, ein Mops neben der Biedermeierkommode oder ein Windspiel im Schein der Eileen-Grey-Lampe unterstreicht Styling-Ideen auf raffinierte Weise. So berichtet Charlotte von Bismarck mit einem Augenzwinkern, dass sie das Farbkonzept des Hauses auf ihre blaugraue Dogge abgestimmt hat, und der Kostümbildner Hazy Hartlieb schwärmt vom Look seines griechischen „Straßenköters" auf einem goldenen Polstermöbel. Mögen die Geschmäcker noch so verschieden sein – ein Hund verleiht der Atmosphäre stets eine gewisse Lässigkeit und Leichtigkeit. Und natürlich bringt ein Hund Leben in die Bude. „Fritz ist mein Kumpel", sagt Heidi Kranz über ihren wuscheligen Bolonka Zwetna, der ihr immer und überall hin folgt, sei es ins Bad oder nach Amerika.

Das Glücksgefühl, vom „besten Freund" erwartet und begleitet zu werden, kennen Menschen wohl schon seit 40 000 Jahren, als sie die ersten Bündnisse mit bezähmbaren Wölfen eingingen, die nach und nach ihr Erbgut veränderten und zu Urhunden wurden. Da beide Seiten von der neuen Partnerschaft profitierten – man jagte gemeinsam und bot sich gegenseitig Schutz –, verfeinerte sich das Zusammenleben zusehends. In Ägypten waren Hunde beispielsweise schon 3 000 v. Chr. die beliebtesten Haustiere, im antiken Rom

nahm man doggenartige Exemplare mit in die Schlacht, während die Chinesen winzige Pekinesen züchteten, die in einen Kimonoärmel passten. Im 18. Jahrhundert gab es bereits mehr als 20 verschiedene Hunderassen in Europa, heute sind es über 350, die offiziell anerkannt sind.

„Wenn ein Hund dabei ist, werden die Menschen gleich menschlicher."

(Hubert Ries)

Für viele Geistesgrößen und Monarchen übernahmen Hunde seit jeher die Rolle „bester Freunde". Friedrich der Große trauerte um seine geliebte Windspielhündin Thisbe im Jahr 1783 mit den Worten: „Sie werden sich wundern, dass ein alter Mann wie ich sein Herz an einen kleinen Hund verlieren kann. Thisbe war vierzehn Jahre meine ständige Begleiterin. Wenn ich nachts nicht schlafen konnte, lag sie neben mir und sah mich ganz sonderbar an – wie ein guter Mensch. Diese Augen werde ich nie vergessen können." Königin Victoria scharte in ihrer über sechzigjährigen Regentschaft 35 Spitze, 38 Möpse, 80 Terrier und 88 Collies um sich, Sigmund Freud ließ sich bei schwierigen Therapiesitzungen von der Chow-Chow-Hündin Lün unterstützen, der Humorist Loriot fand sogar, Möpse seien mit Hunden nicht zu vergleichen.

Picassos Dackel Lumpi ging als Modell und Muse in die Kunstgeschichte ein, und als Richard Wagner am Klavier an seinem „Thannhäuser" arbeitete, soll sein Pudel Peps mitgesungen haben. Zu seinem „First Dog" befragt, dem Portugiesischen Wasserhund Bo, antwortete Barak Obama schließlich: „Wenn du einen Freund in Washington suchst, nimm dir einen Hund." Übertrieben? Mag sein. „Hunde sind nicht unser ganzes Leben", brachte der amerikanische Autor und Tierschützer Roger Caras die tierische Beziehung auf den Punkt, „aber sie machen unser Leben ganz."

Der Einrichtungsexperte Uwe Linke meint in seinem Buch „Die Psychologie des Wohnens", die Wohnung sei der Spiegel unseres Selbst und damit Abbild unserer Seele. Wir sind sozusagen, wie wir wohnen – und wer mit Hund wohnt, gibt die eindeutigsten Signale. Das Hundelager im Flur verheißt beispielsweise eine Partnerschaft, die nach strengen Regeln funktioniert; ein angebissener Knochen im Eisschrank symbolisiert Respekt für die Fressgewohnheiten des anderen; ein Minenfeld aus Quietschmäusen und Tennisbällen im Wohnzimmer zeugt von eher antiautoritären Idealen.

„Mürrische Leute haben mürrische Hunde, gefährliche Leute haben gefährliche."

(Marc Aurel)

Zerbrechliche Gegenstände auf Augenhöhe oder im Rutenradius des Hundes weisen auf ein besonders optimistisches Herrchen hin, frei verfügbare Pantoffel oder Strümpfe kennzeichnen ein verständnisvolles Frauchen und ein Handtuch neben der Haustür deutet auf die Wohngemeinschaft mit einem wetterfesten Terrier. Besonders aufschlussreich sind auch massive Anhäufungen von Porzellanabgüssen oder Porträts auf Kommoden und Tischen, die den stolzen Besitzer als devoten Dackel- oder Spanielfan entlarven. Ich könnte beispielsweise einen Flohmarkt für Salzstreuer, Schlüsselanhänger und Dosen im Dalmatinerdesign eröffnen oder eine Galerie für Mopsfotos, Mopsgemälde und Mopspostkarten. Auf unserer Rundreise zu den verschiedensten Mensch-Hund-Kommunen begegneten uns unzählige solcher Ansammlungen, die hundelosen Menschen spanisch vorkommen mögen. Wer mit Hunden wohnt, weiß jedoch, dass mit dem Einzug des süßen Welpen auch die kitschigsten Souvenirs und grauenvollsten Gastgeschenke ins Haus kommen.

Warum der Hund es vom Zwinger oder der zugigen Hundehütte bis in die menschliche Intimsphäre geschafft hat, liegt nach Expertenmeinung vor allem an seiner ausgeprägten Anpassungs- und Kommunikationsfähigkeit. Ein Hund wird frei von sozialem Status und ohne kritischen Seitenblick auf Alter, Gesundheit oder Aussehen mit jedem Menschen glücklich. Vorausgesetzt natürlich, ihm werden geistige Anregung und körperliche Auslastung, angemessene Verpflegung, ein sicheres Dach über dem Kopf und viele Streicheleinheiten geboten. „Zu Hause ist da, wo der Hund ist", sagt die Harvard-Professorin Marjorie Garber in ihrem Buch „Dog Love". Menschen, die mit einem Hund Tisch und Bett teilen, wissen, was sie meint.

Burg mit Seele
Das Hundeparadies
über den Wolken

RECTE FACIENDO NEMINEM TIME

Was die mittelalterlichen Baumeister wohl zu den violetten Wänden, dem in den Felsen gehauenen Lift, den modernen Kunstwerken oder dem Hightech-Kino im Rittersaal gesagt hätten?

Wahrscheinlich „Si was mit schonheit ummelath", oder auf Neudeutsch „Schau mal, total cool". Denn Abenteuerlust und Fantasie waren sicherlich auch 1268 gefragt, als die ersten Steine den steilen Berg hinaufgetragen und der harte Fels bezwungen werden mussten. „Nichts für Arbeitsscheue", sei das Leben auf der Burg, sagt Graf Gaudenz Trapp, und ohne Liebe zu ihren Winkeln und Erkern, ohne Sympathie für ihre eng gewundenen Wendeltreppen und niedrigen Durchgänge, und ohne Toleranz ihren zugigen Gängen und kühlen Gewölben gegenüber sei man verloren. Doch „das Freiheitsgefühl wiegt alles auf", sagt der Burgherr und weist aus dem Fenster. Dort liegt die schneeglitzernde Alpennordkette auf Augenhöhe und das Inntal zu seinen Füßen.

Gräfin Christiane Trapp lässt sich von dem 30-Zimmer-Wohnturm ebenfalls nicht einschüchtern. Die gelernte Porzellanmalerin hat sich vor drei Jahren der Mammutaufgabe gestellt, die Inneneinrichtung völlig neu zu gestalten, nachdem die Grundsanierung der maroden Außenfassade abgeschlossen war. „Es ist egal, welches Gebäude man vorfindet,

Oben links Glück gehabt! Die beiden Mischlinge Monti und Frieda haben es vom Tierheim auf die Ritterburg geschafft.

Oben rechts Opulente Farben bestimmen die Atmosphäre und blühende Fantasien ranken sich um traditionelle Formen.

Rechte Seite oben Gräfin Christiane Trapp ließ sich bei der Neugestaltung von Porzellanfarben inspirieren. Sämtliche Farbgruppen sind austauschbar, sodass jeder Sessel in allen 30 Zimmern passt. Vert d'eau – Wassergrün – kombiniert mit Mauve sind ihre Lieblingstöne.

Rechte Seite unten Handwerkskunst für die Ewigkeit: Täfelung und Decke des gotischen Salons wurden im 13. Jahrhundert eingebaut. Aus dieser Zeit stammt auch der schlichte Holzschrank.

Seiten 18–19 Moderne Kunst kommt im Großen Saal perfekt zur Geltung. Kaum ein schönerer Rahmen ist denkbar.

man muss seine Seele erspüren und darf sie nicht brechen." Die Seele von Schloss Friedberg sei stolz, offen, großzügig und positiv, sagt sie, „da ist nichts Düsteres, das man dem Mittelalter zuschreibt". Drei Kilometer Stoff hat sie im Pariser Marché St. Pierre „wie ein Spürhund" zusammengesucht und die von ihr ausgewählten Farben klingen wie geheimnisvolle Beschwörungen: Tulipe Noir, Vert d'eau, Rouge Brique, Sepia, Mauve. „Ich verlasse mich beim Einrichten auf mein Bauchgefühl und mein künstlerisches Auge", sagt sie.

Den alten Mauern hat das mutige Make-up gutgetan und ihre Seele ist aufgeblüht. „Ich musste mich allerdings gegen die Maler, gegen den Architekten und gegen meinen Mann durchsetzen", sagt Christiane Trapp, „dabei kam mein Lieblingsmotto zum Einsatz: Steter Tropfen höhlt den Stein." Dieser Leitspruch hat der Trapp-Familie auch zwei Hunde beschert, den „verwunschenen Prinzen" Monti und sein Burgfräulein Frieda. „Monatelang habe ich an Gaudenz hingejammert, bis wir endlich zwei Hunde hatten. Jetzt ist keiner mehr allein." Für die beiden Mischlinge – einer kommt aus dem Tierheim, der andere vom Bauern nebenan – ist das Leben über den Wolken grenzenlos. Sie dürfen alles und haben noch nie eine Schule von innen gesehen. Trotzdem tun sie, was sie sollen, „man muss halt mit ihnen reden", meinen die Hundefreunde, „und glücklicherweise haben wir ja vier Hände zum Streicheln".

Mit den in satten Farben leuchtenden Vorhängen und raffiniert bekleideten Möbeln ist auch die moderne Technik in die Burg eingezogen.

„Es ist sehr bequem geworden, hier zu wohnen."

Unabhängig voneinander funktionierende Heizkreise etwa, die den Rückzug in die „Winterwohnung" im Westflügel möglich machen. „Es wäre Wahnsinn, alle Räume zu beheizen", sagt Gaudenz Trapp. Und natürlich gibt es überall Internetanschluss, und ein Aufzug überwindet viele Höhenmeter, die seine Mutter bis ins hohe Alter per pedes überwinden musste. „Es ist sehr bequem geworden, hier zu wohnen." Wirklich? „Na ja, man muss natürlich dauernd etwas dafür tun." Damit das mächtige Erbstück so autark bleiben kann, wie es seiner stolzen Seele gebührt, sind Disziplin und Geschäftstüchtigkeit seiner Bewohner gefragt. Die gotischen Säle im Erdgeschoss werden beispielsweise für Seminare vermietet, und die Eröffnung eines Biohofs steht kurz bevor. Dort wird es Lebensmittel im wahrsten Sinne des Wortes geben – Eier von freien Hühnern und selbst gezogenes Gemüse, und vieles mehr, das schmeckt und glücklich macht. Wenn der Mond auf die Zinnen und Türme der Burganlage scheint, ziehen sich Monti und Frieda in ihre handgeschnitzten Hundebetten zurück. Sie legen ihre Köpfe auf das Polster und seufzen. Waren wieder viele Kilometer, die sie heute hinter ihren unternehmungslustigen Lieblingsmenschen hergelaufen sind.

Oben Die Burgherrin ließ sich in Brüssel als Porzellanmalerin ausbilden. Heute malt sie – neben Servicen – vor allem individuelle Hundeporträts. Ihr schwarz-weiß getupfter „Chevalier Monti" sieht naturgemäß besonders gut auf einem karierten Boden aus.

Linke Seite Die grandiose Natur schaut ins Atelier hinein. „Es ist ein Traum, hier leben und arbeiten zu dürfen", sagt Christiane Trapp.

Oben Der Grundstein zu Schloss Friedberg wurde im Jahr 1268 gelegt und hat seitdem viele Generationen beherbergt. Die heutigen Besitzer attestieren dem imposanten Bau eine „stolze, großzügige Seele". Das können nicht nur die in der Nachbarschaft weidenden Highland-Rinder bezeugen.

Rechts Eine feste Burg. Ihre meterdicken Mauern bieten Schutz und trotzen seit 800 Jahren feindlichen Übernahmen.

Rechte Seite oben Bei Trapps gibt es keinen Ruhetag, und Raum für viele Gäste und rauschende Feste. Die altmeisterlich gemalten Vorfahren blicken von den knallroten Wänden und wären gern dabei. Sie haben Geselligkeit zu ihren Lebzeiten wohl ebenso hoch geschätzt.

Warum ein Hund aus dem *Tierheim*?

- Wir konnten uns einen aussuchen, der genau zu uns passt
- Es macht uns glücklich, einem Hund eine zweite Chance geben zu können
- Unser erster Hund Monti hat endlich einen Spielkameraden
- Geduld und Liebe werden tausendfach zurückgegeben

„Am liebsten hätte ich noch zwei mehr,
aber nicht weitersagen …"

Haus mit Köpfchen
Intelligentes Design
für Perfektionisten

Wenn Fantasie auf Geschicklichkeit trifft und ästhetisches Feingefühl auf technisches Know-how, entsteht ein Haus, das schön und schlau zugleich ist.
„Das Haus erfüllt die höchsten Standards an Energieeffizienz", sagt Karl Dreer, „und unsere eigenen Ansprüche an Qualität und Perfektion, die vielleicht noch höher sind." Er und seine Frau Jutta haben sich ein Haus mit raffiniertem Innenleben und kalifornischem Flair auf die oberbayerische grüne Wiese gestellt. Man glaubt es kaum, dass der schnittige Bau mit den zwei schwebenden Kuben ein Herz aus konventionellem Holz hat, Augen aus dreifach isoliertem Glas und ein fröhlich flackerndes Kaminfeuer, das aus einer Gasleitung gespeist wird. Eine Luftwärmepumpe reguliert die Temperatur, Schubladen öffnen sich auf Kniedruck, Jalousien bewegen sich je nach Sonnenstand wie von Geisterhand. Der Esstisch schwebt über dem weißen Epoxid-Harzboden, eine glatte Haut aus geschliffenem Kunststein überzieht die Wände. Die versenkbare Dunstabzugshaube fängt flüchtige Belästigungen ein, das moderne BUS-System steuert Elektronik und Home-Entertainment. Und dazu leuchten farbenprächtige Gemälde, die Karl Dreer in seinem Atelier im ersten Stock kreiert. Bis auf den Entwurf – das renommierte Architekten-Duo Bembé-Dellinger zeichnet sich dafür verantwortlich – wurden jedes Detail und sämtliche Einbauten in der eigenen Firma hergestellt. „Es ist ideal, wenn alle Gewerke aus einer Hand stammen", sagt der Schreinermeister, Innenarchitekt, Maler, Designer und Inhaber des Planungsbüros und der Schreinerei.
Dank vorgefertigter Holzelemente und systematischer Organisation war nach einem Jahr Bauzeit im April 2010 alles

Oben Das Zusammenleben zwischen Mensch und Tier spielt sich auf hohem Niveau ab. „Die Ehrlichkeit des Hauses färbt ab, hier finden wir alle zu uns selbst."

Rechte Seite oben Schwebende Balance. Die erfolgreichen Inhaber einer Schreinerei und Manufaktur für Inneneinrichtung haben ein Ambiente geschaffen, das sich den Gesetzen der Schwerkraft zu entziehen scheint.

Rechte Seite unten In der Ruhe liegt die Kraft. Kein Detail wird dem Zufall überlassen, nichts lenkt vom Wesentlichen ab, Störendes wird unsichtbar gemacht.

fertig. Obwohl die reinweißen Verschalungen und Arbeitsplatten Makellosigkeit reflektieren und kein Stäubchen durch die Luft fliegt, wohnt hier ein Hund: der dreijährige Gordon Setter Phill. Wer mit seiner Präsenz automatisch plumpe Pfotenspuren assoziiert, den belehrt der vornehm-elegante Hund eines Besseren. Er glänzt wie ein frisch gestriegeltes Vollblutpferd und macht einen Bogen um das cremefarbene Sofa – er scheint zu spüren, dass ein solches Styling gutes Benehmen verlangt. „Ich habe nur einmal ‚Nein' gesagt und Phill hat die Regeln akzeptiert. Auch wenn es noch so schön ist, mit einem Hund auf der Couch zu liegen", sagt Jutta Dreer.

„Wir alle werden von der puristischen Umgebung erzogen."

Sie hat von vornherein alles Überflüssige aus dem Ambiente verbannt, und ausgelesene Zeitungen oder einen zufällig vergessenen Schal wird man vergeblich suchen. „Nachlässigkeit stört in diesem Haus. Wir alle werden von der puristischen Umgebung erzogen. Und fühlen uns extrem wohl dabei." Auch im Garten herrscht Ordnung, ein paar symmetrisch zugeschnittene Buchspyramiden akzentuieren den 18 Meter langen Pool, Bambusbüsche gliedern die Rasenflächen. „Blumen passen irgendwie nicht", sagt Jutta Dreer. Konsequenz auf der ganzen Linie ist bei Dreers selbstverständlich. So sucht Phill nach ausgiebigen Spaziergängen freiwillig die Hundedusche im Keller auf, bevor er eine Pfote auf den Kymo-Teppich setzt, und entspannt zieht er sich gegen halb neun in sein Hundebett am Ende des Flurs zurück. „Manchmal bitten wir ihn, noch ein bisschen zu bleiben. Er lässt sich nur selten umstimmen." Ein Hund mit „stabilen

Oben Klare Primärfarben stehen im Atelier bereit und warten darauf, bunt gemischt zu werden.

Rechts Dreifach isoliertes Glas schützt vor Hitze und Kälte, Türen und Schränke öffnen sich auf Kniedruck, der Ofen sagt, wann das Essen fertig ist. Zauberei? „Wir haben seit Jahren davon geträumt, alles zu realisieren, was technisch möglich ist."

Rechte Seite Karl Dreers Kunstwerke entstehen im Atelier im ersten Stock und bilden mit ihren wilden Farben und stürzenden Linien einen faszinierenden Kontrast zur vornehmen Blässe und Geradlinigkeit ihrer Umgebung.

Warum einen *Gordon Setter* wie Phill?

- Er ist spritzig und schnell, nie langweilig
- Er verträgt sich mit allen
- Eine Katze lebt nebenbei mit. Ein Hund mitten drin
- Er passt sich unserem Leben an
- Ohne Phill fehlt uns was
- Besonders entspannend sind die langen Spaziergänge

Nerven“ ist für das Ehepaar Dreer – beide arbeiten in der eigenen Firma mit 22 Mitarbeitern – besonders wichtig. „Phill fährt jeden Morgen mit uns ins Büro und darf in der allgemeinen Hektik nicht durchdrehen.“ Zweimal täglich geht Jutta Dreer mit ihm spazieren, und in den Urlaub wird er selbstverständlich mitgenommen. „Natürlich stellen wir uns auf den Hund ein“, sagt Karl Dreer, „auf Flugreisen verzichten wir möglichst. Aber das Jahr hat 365 Tage und die Ferienzeit ist kurz. Der Spaß, den man mit einem Hund hat, überwiegt jede Einschränkung.“ In einer Einliegerwohnung lebt Wand an Wand Jutta Dreers Mutter. Jeden Tag schaut Phill bei der alten Dame vorbei und leistet ihr eine Weile Gesellschaft. „Er ist eine Bereicherung für uns alle. Wer keine Hunde hat, versteht das nicht.“

Oben „Ohne Hund gehen wir keinen Schritt.“ Phill ist nicht nur ein geliebtes Familienmitglied, sondern auch der Sport-Therapeut des Ehepaars. Die Hundedusche im Keller ist nach dem Spaziergang ein „Must“, das er den weißen Epoxidharz-Böden schuldet.

Linke Seite außen Als „Hund mit starken Nerven“ charakterisiert Jutta Dreer ihren eleganten Gordon Setter Phill. Er begleitet die Dreers jeden Tag in die Firma und lässt sich von Hektik und Stress nicht verunsichern.

Linke Seite innen Das geräumige Körbchen passt wie angegossen. Phill würde niemals auf die Idee kommen, es gegen einen Platz auf dem Sofa einzutauschen.

Heimatgefühle
Wo die Alpen glüh'n

Als Paris Hilton 2006 in einem goldenen Brokat-Dirndl ins Oktoberfestzelt spazierte, verschlug es sogar abgebrühten Wiesn-Wirten die Sprache und sie konnten nur noch „Do leagst di nieda!", zu Hochdeutsch „Donnerwetter!" stammeln.

Oft steckt die Designerin Lola Paltinger dahinter, wenn „gstandene" Mannsbilder zwischen München und Hollywood nach Luft schnappen und weiblichen Wesen aller Art mit offenem Mund hinterherstarren. Denn Lola treibt Rollenspiele auf die Spitze, seit sie 1999 in der berühmten Modeschule Esmod ihr erstes „revolutionäres" Dirndl aus asiatischer Seide präsentierte. Ihre maßgeschneiderten Kreationen funkeln vor Lebenslust und Raffinesse, unterm Saum blitzen frivole Andeutungen hervor und um die Brust spannt sich eine seidene Haut, die bei jedem Atemzug vibriert. „Teufelswerk" mögen Trachten-Traditionalisten beim Anblick von handbemaltem Glitzertüll und klimpernden Münzen rufen – doch Lola Paltinger kann darüber nur lachen und dem Rehbock an der Atelierwand zuzwinkern.

In ihrem exklusiven Salon über den Dächern Münchens – gleichzeitig Wohnung und Büro, Umkleidekabine und Werkstatt – herrscht andauerndes Alpenglüh'n. Ein röhrender Hirsch dient als Teppich, auf Sofa- und Kissenbezügen werden gewagte Edelweiß-Fantasien und kernige Wilderer-Romantik zitiert. Und mittendrin hält die tapfere Schneiderin unter dem Label „Lollipop und Alpenrock" jene süßen, leicht exzentrischen Outfits bereit, die aus Damen jeden Alters Bonbons zum Anbeißen machen. „Ich lasse mich von den dreißiger, vierziger und fünfziger Jahren inspirieren", sagt sie, „damals haben Frauen sich besonders hübsch hergerichtet." Foxterrierdame Heidi passt mit ihrer „Tim und Struppi"-Anmutung in den charmanten Retro-Look, und unwillkürlich denkt man an „Nipper", das berühmte Hundemodel von

Oben Die zehnjährige Foxterrier-Hündin Heidi hat einen eigenen Messeausweis, lässt sich notfalls unter den Arm klemmen und fährt gern mit der U-Bahn. „Sie ist flexibel und stört sich nicht an meinem unregelmäßigen Tagesablauf."

Rechts Bunte Mischung: Mit zwei Jahren hatte Lola Paltinger das erste Meerschweinchen und hielt Frösche in der Badewanne und Hamster im Bettkasten. Heute gehören die Katzen Xaver und Lieschen und der Leguan Tuki zum Bestiarium – und natürlich Heidi, die Namenspatronin ihrer Zweit-Linie „Happy Heidi".

Rechte Seite Harmonisch, aber nicht durchgestylt, strukturiert, aber nicht festgefahren. Lola Paltingers Atelier-Wohnung über den Dächern Münchens ist offen für Veränderungen, ohne sich in ihren Grundfesten erschüttern zu lassen.

„His Masters Voice", wenn Heidi den Kopf schief legt und die Vorderbeine auf einem Kissen mit handgewebten Fasanen faltet. Nur im Schlafzimmer wurde die mit allerlei himmelhochjauchzendem Schnickschnack angereicherte Höhenluft ausgesperrt. „Mein Freund Ralph Brock mag es eher schlicht", sagt die „Bavarian Pop-Queen" selbstironisch. Mit 13 Jahren erkämpfte sich Lola Paltinger ihren ersten Foxterrier Lucky, „nachdem bereits einige Generationen Frösche in der Badewanne geschwommen waren und die Hamster sich im Bettkasten vermehrt hatten", so Brigitte Paltinger.

„Lola war schon als Kind völlig tiernarrisch."

Lolas Mutter und kreative Geschäftspartnerin zeigt ein wenig melancholisch auf die zwei Katzen Xaver und Lieschen, die ebenfalls zur Menagerie gehören und regungslos in der Sonne baden. „Lola war schon als Kind völlig tiernarrisch. Und dann kam noch der Leguan!", seufzt sie. Tuki ist inzwischen zehn Jahre alt und bewohnt im Spielzimmer von Sohn Lio ein opulent ausgestattetes Terrarium. „Sie war ziemlich sauer, als Lio vor viereinhalb Jahren bei uns einzog. Inzwischen mögen sie sich." Jeden Morgen lässt Lola der Vegetarierdame Tuki ein Bad ein und füttert sie mit Früchten und Blättern, tagsüber darf der „Dinosaurier" sich frei bewegen. „Ich liebe Reptilien", sagt Lola und streicht Tuki über die Rückenstacheln, „Sie ist ganz zahm geworden." Bei einer so breit angelegten Tierliebe ist es kein Wunder, dass auch Hund Heidis Lehr- und Wanderjahre ein einziger Glücksfall waren. „Ich habe ihr sehr früh gezeigt, was im Leben auf sie zukommt: mit der Straßenbahn fahren, im Radkorb sitzen, vor dem Supermarkt warten, Geschäftstermine wahrnehmen und auf Partys gehen. Sie wurde ohne Leine erzogen, aber sie weiß, dass sie nur die Wirtshäuser auf unserer Straßenseite besuchen darf." Heidi ist „eigenverantwortlich und belastbar", wie ihr Frauchen sagt – und vermutlich der einzige Hund mit einem eigenen Ausstellerausweis. „Sie kennt auf der Modemesse jeden Stand." Dass Lio heute die erste Geige spielt, bedroht Heidis Position in keiner Weise: „Sie kennt ihren riesigen Hundeplatz in meinem Herzen."
Wenn sich – vor allem vor dem Münchner Oktoberfest – Stars und Sternchen die Klinke zu Lola Paltingers heiler Welt in die Hand drücken, vor dem verschnörkelten Spiegel hauchzarte Schürzen glatt streichen und tief durchatmen, kann alles passieren. Vielleicht entdeckt so manche androgyne Jeansträgerin das Vollweib in sich, und eine andere freundet sich ganz spontan mit ihren breiten Hüften an. Lola Paltinger ist für jede Überraschung gut.

Links Fundstücke vom Flohmarkt inspirieren die Dirndl-Designerin ebenso wie Spaziergänge mit dem Hund. „Ich brauche wechselnde Eindrücke, um mein Unterbewusstsein mit Ideen aufzuladen."

Rechte Seite oben Oft landen Lola Paltingers maßgeschneiderte Dirndl in Amerika. „Wir sehen die Kundinnen gar nicht. Sie schicken uns einfach ihre Maße." Und lassen sich überraschen: von handgewebten Stoffen aus Italien und französischen Stickereien, hauchdünnen Blusen und schimmernden Samtmiedern – made in Bavaria.

Warum ein *Foxterrier* wie Heidi?

- Sie ist flexibel und passt sich meinem Leben an
- Ich kann sie notfalls unter den Arm klemmen
- Sie hat einen robusten, fröhlichen Charakter und hält Stress aus
- Sie hat viele Freiheiten, doch sie kennt genauso ihre Grenzen
- Sie möchte mir gefallen, deshalb gehorcht sie aufs Wort
- Einen Hund zu lieben ist gesund für Körper, Geist und Seele

Herr und Hund
Ein Idyll
hinterm Deich

Als Thomas Niederste-Werbeck vor fünf Jahren das herrschaftliche Haus im höchsten Norden Deutschlands angeboten wurde, griff er sofort zu.
Zu eng war es ihm im Elbvorort Blankenese geworden, und Sammy, dem elfjährigen Parson Russel, würde der Umzug in einen großen Garten mitten im unberührten nordfriesischen Naturschutzgebiet sicher auch gefallen ... Denkste! „Am Anfang war er kreuzunglücklich und völlig verloren. Kaum kamen wir zurück in die Stadt mit ihren Betonschluchten, blühte er auf", sagt Thomas.

„Das Haus hat eine ehrliche Haut. Man kommt hierher und wird umarmt."

Inzwischen ist der rauhaarige Terrier stolze 105 Menschenjahre alt und hat sich mit den vor seiner Nase herumstaksenden Störchen und frisch geborenen Lämmern, matschigen Wegen und sandigen Stränden arrangiert. Sammy sei ein untypischer Hund, meint der Chefredakteur des Hundelifestyle-Magazins *dogs*, das seit fünf Jahren die moderne Hundeszene um Trends und Impressionen aus der ganzen Welt bereichert. „Er ist noch nie freiwillig durch eine Pfütze gegangen, er widmet sich nach dem Spaziergang stundenlang seiner Pfotenpflege, er frisst sehr manierlich und genießt jeden Bissen." Thomas Niederste-Werbeck ist überzeugt, dass menschliches Verhalten auf den Hund abfärbt. „Auch ich mag es gern entspannt und übersichtlich."
In die 1873 erbaute Villa – einst Schauplatz für Theodor Storms düstere Novelle „Renate" – ist mit Thomas ästhetische und emotionale Geradlinigkeit eingezogen. „Das Haus hat

Oben Der ehemalige Stadthund Sammy hat sich mit dem Landleben im hohen Norden arrangiert. „Sylt findet er aber immer noch furchtbar." Thomas Niederste-Werbeck respektiert die Abneigung seines Parson Russel gegen Salzwasser und Sand. „Wir machen einfach mehr Städtereisen oder legen uns an den Fluss."

Rechts Qualität ist das beste Rezept. Das gilt für Tomaten ebenso wie für alles andere auf der Welt. Der Chefredakteur des Hundelifestyle-Magazins *dogs* ist kein Freund von faulen Kompromissen.

Rechte Seite Die herrschaftlichen Dimensionen und hohen Flügeltüren in der Eingangshalle bieten den Rahmen für ein individuell gestaltetes Lebensgefühl. „Ich mag die Mischung aus Geborgenheit und Strenge."

eine ehrliche Haut. Man kommt hierher und wird umarmt", schwärmt er. Insbesondere prägen skandinavische Design-Klassiker aus den fünfziger Jahren, etwa von Poul Kjærholm oder Arne Jacobsen, die einladende Atmosphäre. Thomas Niederste-Werbeck, mitverantwortlich für Inhalt und Optik der Zeitschrift *Architektur und Wohnen*, hat zu jedem Stück eine persönliche Beziehung und schon immer gewusst, warum. „Gutes Design macht gute Laune – Fun follows Form." Obwohl Klarheit und Reinheit auf der ganzen Linie den Stil bestimmen, mischt sich hier und dort Verspieltes ein. Da sitzen beispielsweise gehäkelte Dackel auf der Klavierbank, ein Tablett mit Miniaturhündchen steht inmitten strenger Versteinerungen, und auf der Pinnwand drängeln sich bunte Reminiszenzen an Hundereisen und -abenteuer. „Die Emotionalität, die der Hund bei mir auslöst, lasse ich zu", sagt Thomas Niederste-Werbeck. Auch in *dogs* präsentiert der studierte Kunstgeschichtler Hunde als Herrscher der Herzen, die uns in stimmungsvollen Bildern näherkommen als so mancher Mensch.

Oben links Dass Herr und Hund am gleichen Tag Geburtstag haben, ist Zufall. Oder etwa nicht? „Wir sind beide ruhig und entspannt und nehmen die Bedürfnisse des anderen ernst." So etwas nennt man Seelenverwandtschaft.

Oben rechts Schon während seines Studiums der Kunstgeschichte in London begann Thomas Niederste-Werbeck, Design der fünfziger Jahre zu sammeln. Und was ihm einmal gefallen hat, hält auch heute noch seinen Ansprüchen stand. „Ich habe eine persönliche Beziehung zu den Dingen."

Rechte Seite oben „Über Erziehungsfragen habe ich mir noch nie den Kopf zerbrochen, ich vertraue auf mein Bauchgefühl." Sammy schläft im Bett – wenn er will. Manchmal bevorzugt er es auch, allein zu sein und legt sich in sein eigenes Körbchen.

Rechte Seite unten Wohnzimmer mit Blick auf die nordfriesische Flusslandschaft. Mit dem privaten Boot fährt Thomas Niederste-Werbeck am Wochenende zum Brötchen holen.

Warum einen *Parson Russel* wie Sammy?

- Er ist charaktervoll und charmant
- Sammy liebt gemeinsame Aktivitäten. Fußball spielen, Joggen, mit dem Fahrrad unterwegs sein. Nur Spaziergänge findet er langweilig. Genau wie sein Herrchen
- Er liebt Städtereisen
- Über Erziehungsfragen habe ich mir zwar viele Gedanken gemacht, aber im Zweifel vertraue ich immer auf mein Bauchgefühl

Nach dem üblichen Umweg über Meerschweinchen und Goldfisch, bekam er mit neun Jahren den ersten Langhaardackel. „Immer, wenn ich heimisch wurde, zogen meine Eltern weiter und ich wünschte mir als Einzelkind nichts sehnlicher als einen Freund, der mitkommt." Dass Sammy „gerade noch" ins Flugzeug passt, um Thomas auf Fotoproduktionen an die interessantesten Plätze der Welt zu begleiten, verdankt er seinem Charme. „Er sprengt die vorgeschriebenen Kabinenmaße. Aber kein Pilot kann ihm widerstehen."
Wenn die Sonne hinter dem weiten Horizont verschwindet, werden die Computer ausgeschaltet und die japanisch inspirierten Lampions von Isamu Noguchi tauchen Herrn und Hund in weiches Licht. Sammy schwebt auf handbedruckten „Cloud-7"-Kissen buchstäblich im siebten Himmel, ein kleiner Knochen für ihn und ein Glas eiskalter Weißwein für die Gäste überbrücken die Zeit bis zum natürlich köstlichen Abendessen. Qualität – ob es sich um Tomaten, Hundeerziehung oder Wohnungseinrichtung handelt – ist bei Thomas Niederste-Werbeck das allein selig machende Rezept. Mehr muss nicht sein – aber auch nicht weniger. „Oft liege ich mit Sammy am Fluss und wir sagen uns, hier sind wir endgültig angekommen."

Oben Bewusst platzierte spielerische Akzente brechen das konsequente Designkonzept und warme Materialien mildern die strenge Linienführung.

Oben links An der Pinnwand drängeln sich Erinnerungen an Reisen und Abenteuer. Der Ordnung halber zeigen Buchstaben, wer sonst noch dabei war.

Linke Seite unten Der 1873 erbaute „Schwabstedter Hof" hat Thomas Niederste-Werbeck sofort gefallen, als er ihm vor fünf Jahren angeboten wurde. Aus der „Liebe auf den ersten Blick" wurde für ihn und Sammy das Gefühl, endgültig zu Hause angekommen zu sein.

Hunde sind auch nur Menschen

Wohngemeinschaft mit Herz und Verstand

Katharina von der Leyen kennt ihre Pappenheimer, und der Hund, der ihr etwas vormachen kann, muss erst geboren werden.
„Zwei Dinge beherrsche ich gut", sagt sie. „Schreiben und Hunde verstehen." Die bekannte Autorin zahlreicher Hundebücher und freie Journalistin mit einer eigenen Hundekolumne meint, beide Talente seien genetisch verankert. „Meine Großmutter hat meinen Großvater nur erhört, weil er ihr ein Dackelbaby geschenkt hat. Und meine Mutter hat einen Stift in der Hand, seitdem ich denken kann."
Im ehemaligen Küchengebäude eines 1914 von Ludwig Hofmann erbauten Sanatoriums bei Berlin hat Katharina von der Leyen die perfekte Szenerie für ihre beiden Leidenschaften gefunden: der riesige Komplex ist „ausbruchsicher" umzäunt, was die Haltung vieler temperamentvoller Hunde begünstigt.

„Attraktiver als ein flüchtiges Reh ist man nur mit einer Tasche voller Würstchen."

Und vor ihrem Bürofenster inspiriert sie die friedliche Wald- und Wiesenaussicht, die treffendsten Formulierungen zu finden. „Ich definiere mich über Worte und muss in meinem Job sehr viel reden", sagt sie, „Hunde sind mein Ausgleich. Die Beziehung zu ihnen ist wortlos." Spricht Katharina über ihre Hunde, entstehen liebevoll-ironische Charakterstudien. „Luise lässt bellen", so beschreibt sie die elegante Dame aus dem Geschlecht der Königspudel, während ihre Standesgenossin Ida eine Stimme „wie eine ordinäre polnische Hupfdohle" hat. Auch die amerikanisch-italienischen Windspiele

Oben Sind Messerbänkchen sinnvoll? Egal, wenn sie so süß sind wie die Pudeldevotionalien aus den zwanziger Jahren. Die Keramikfiguren fühlen sich bei Katharina von der Leyen offenbar pudelwohl und haben ihr jahrelanges Globetrotting heil überstanden.

Rechts Katharinas Lusitano-Hengst Jasmim da Graziosa scheint zum Sprung über Pudel Idas Körbchen anzusetzen. Der bekannte Fotograf Til Leeser hat die waghalsige Pose in der richtigen Zehntelsekunde eingefroren.

Rechte Seite Strassfreie Zone. Die großzügig in den Räumen verteilten Hundebetten brauchen keine gestickten Krönchen oder edelsteinverzierten Monogramme. „Sie müssen nur so gemütlich sein, dass die Hunde nicht auf die Sofas springen."

Berlin
GARTEN
JAGD

Fritz und Harry sind Typen wie Feuer und Wasser. „Fritz ist ein verspielter Kraftprotz, Harry ein kapriziöser Psychopath. Er hat als Welpe die Trennung von seinem Bruder nicht verkraftet.“ Dank der Therapie-CD „Keine Panik“ – Harry wurden beim Füttern allmählich anschwellende Geräusche von Bohrmaschinen, Gelächter oder Applaus vorgespielt – kann er heute Lärm ertragen, ohne voller Angst im Boden zu versinken. „Auch mein Freund ist selig, dass wir nach zwei Jahren Stille endlich wieder Actionfilme oder einen Western mit Schießereien ansehen können“, bringt Katharina die Engelsgeduld aller Leidtragenden auf den Punkt.
Bücher und Hunde und Hundebücher so weit das Auge reicht, bestimmen ihre Wohnwelt. Und Elvis. Er steht lebensgroß in der Schlafzimmerecke, hängt als Marionette an der Wand, und seine überall präsenten Vinyl-Schallplatten stammen aus der Zeit, als sie als Cowgirl auf einer Ranch im Wilden Westen Rinder trieb. „Ich bin eine wandelnde Elvis-Bibliothek“, sagt die bekennende Rock 'n' Roll Braut „weil er echter, radikaler und sexier ist als alle anderen.“ Wo immer es Katharina von der Leyen hinzieht – sie lebte schon in New York, in London, in Sydney, Paris, Hamburg und München –, stets gehen die Elvis-Devotionalien, das Lieblingssofa und der rustikale Esstisch mit auf die Reise, um das Wurzelnschlagen in neuem Boden zu erleichtern. Ihr absoluter Traum wäre, irgendwann in Agatha Christies Haus an der englischen Küste zu wohnen und „nur in Gummistiefeln herumzulaufen und nie wieder Mascara zu kaufen“. Und immer, immer, immer werden Hunde dabei sein. „Ich weiß gar nicht, wie das geht ohne Hunde. Sie prägen mein Leben, seitdem ich im Kinderwagen nach ihnen geschrien habe.“
Warum das so ist? Katharina von der Leyen lacht. „Ich kenne keinen erwachsenen Menschen, dem es Spaß macht, über meine Beine zu springen. Hunde sind so wunderbar albern, man kann so viel Quatsch mit ihnen anstellen. Und es ist ihnen egal, mit welchen Problemen ich mich gerade festzurre. Sie interessieren sich für ihr neues Spielzeug oder einen vor sieben Wochen verstorbenen Fisch. Sie grounden mich.“
Die Windspiele Fritz und Harry liegen ineinander verknotet auf einem der vielen gemütlichen Hundebetten. Es gibt selbst gebackenen Pflaumenkuchen auf der Terrasse und im Garten sprießen die ersten Frühlingsblumen aus dem Boden. Die beiden Königspudel Ida und Luise umrahmen ihre Herrin wie zwei lebende Buchstützen. „Komisch“, sagt Katharina, „kaum sitzt ein Pudel neben einem Krokus, sieht er spießig aus.“

Oben Wortgewalt. Sprache ist für die Journalistin Leidenschaft und Beruf zugleich. Dass sie auch die Sprache der Tiere beherrscht, verdankt sie unter anderem einem Praktikum bei Konrad Lorenz.

Rechte Seite oben „Vier Hunde zu haben ist einfacher als vier uneheliche Kinder oder vier Exmänner.“ Wer wollte da widersprechen? Und „Menschen, die keine Hunde mögen, muss ich nicht kennenlernen“. Alles klar.

Warum *Königspudel* wie Ida und Luise in der Kombination mit *Windspielen* wie Harry und Fritz?

- Alle sind schnelle Hunde. Keiner drosselt das Tempo
- Habe ich sie, weil ich so gern spazieren gehe, oder gehe ich so gern spazieren, weil ich sie habe?
- Sie sind ein Flirtfaktor. Als 1,80 Meter große Alpha-Bitch gefällt mir der Spruch: Wenn mein Hund Ihnen jetzt nach Hause folgt, würden Sie mich auch noch behalten?
- Meine Hunde tun etwas für ihr Futter: Luise arbeitet einmal in der Woche auf der Palliativstation, Harry und Fritz haben einen Therapie-Job bei jugendlichen Straftätern, Ida entlastet die Erzieherinnen im benachbarten Kindergarten
- Meine Hunde sind wie Körperteile. Ohne sie vor die Tür zu gehen, diese Frage stellt sich nicht

Großwildjäger in der Großstadt

Die Ridgebacks von Caroline und Erol Sander

„Würdevoll, intelligent, Fremden gegenüber distanziert, aber ohne Anzeichen von Aggressivität oder Scheu", so beschreibt die Fédération Cynologique Internationale ihr Wesen.

An wen die Weltorganisation der Hundewissenschaften dabei gedacht hat, ist klar, sobald sich die Tür zu Erol und Caroline Sanders Wohnung öffnet. Shemsa, 5, und Massai, 3, stehen dort mit ruhigen Augen und breiter Brust und machen ihrem Rhodesian-Ridgeback-Ruf alle Ehre. Nicht aufgeregtes Gekläffe, sondern vornehme Zurückhaltung ist das Gebot der Stunde, und statt sich taktlosem Schnüffeln hinzugeben, strecken die beiden Prachtexemplare diskret die Nase in die Luft und begleiten alle Besucher freundlich wedelnd in die raffiniert ausgebaute Dachwohnung. „Knurren mag ich nicht", sagt der beliebte „Kommissar in Istanbul" und umjubelte Winnetou-Darsteller Erol Sander, und er meint damit nicht nur seine Hunde, sondern sein gesamtes Lebenskonzept: „Ich liebe Harmonie, Verlässlichkeit, ich will mich wohlfühlen in meiner Umgebung." Damit das funktioniert, bilden – neben Liebe und Vertrauen zu allen Beteiligten – ein paar Regeln das Grundgerüst.

„Hier analysieren wir Filme und sammeln neue Ideen."

„Die Hunde dürfen nie vor den Menschen ins Haus gehen. Erst kommen meine Frau und ich, dann die Kinder, dann die ältere Shemsa und schließlich Massai. Er nimmt den niedrigsten Rang in unserem Familienrudel ein."

Wer mit zwei ursprünglich für die Löwenjagd gezüchteten Hunden im fünften Stock einer Münchner Altbauwohnung lebt, kann sich eine „Laisser faire, laisser aller"-Haltung nicht erlauben. „Die Hunde sind sehr gut erzogen", sagt Caroline Sander. „Wir haben sechs Monate mit einem professionellen Hundetrainer gelernt, auf was es ankommt. Nämlich auf Konsequenz und Fingerspitzengefühl." Nun kann die zierliche Französin ihre 37 und 42 Kilo schweren Begleiter ohne Leine und laute Worte über Straßen und Plätze dirigieren, bis sie sich zwei Stunden täglich im nahe gelegenen Park austoben dürfen. Und für ihre eineinhalb und acht Jahre alten Söhne Elyas und Marlon sind die südafrikanischen Löwenbändiger zu zärtlichen und grenzenlos toleranten Spielgefährten geworden. Wenn Shemsa und Massai genug mit den Kindern auf dem Teppich herumgekrabbelt sind, ziehen sie sich mit königlicher Gelassenheit in ihre „Gemächer"

Oben Zum Glücklichsein gehört für den türkischstämmigen Schauspieler Erol Sander eine Umgebung, die „das Auge beglückt". In den handgeölten Böden spiegeln sich edle Chesterfieldmöbel und weiß gekalkte Deckenbalken, Ordnung und Ruhe prägen die Atmosphäre.

Linke Seite Lebende Skulpturen bewachen den Eingang zum Kindertrakt. Erol und Caroline Sander sind fasziniert von der Schönheit und Stärke ihrer Ridgebacks und lieben ihr charakterfestes, ruhiges Wesen. Dass die einstigen Löwenjäger kaum haaren, macht das Zusammenleben angenehm pflegeleicht.

zurück. Beide bewohnen vor den Kinderzimmern zwei bequeme Lager und haben von dort aus die drei Wohnungsteile im Blick. Den Bürotrakt beherrscht ein riesiger Flatscreen vor üppig mit Kissen dekorierten Sofas, „hier analysieren wir Filme und sammeln neue Ideen", sagt Erol Sander. Daneben liegt der „Privattrakt", das sorgsam möblierte Wohn- und Esszimmer mit modernem Küchenblock und gemütlicher Schlafhöhle. Und schließlich gibt es das Kinderreich, das Märchenland von Marlon und Elyas mit einer bunten Bilderbuch-Bibliothek und tausend Legosteinen, Kuscheltieren, Rittern und Playmobilfiguren. „Wir können die Teile je nach Bedarf voneinander trennen, damit jeder seine Ruhe hat", erklärt der Perfektionist Erol und erinnert sich an die erste Begegnung mit seinem heutigen Zuhause. „Mit vier Jahren bin ich mit meiner Mutter aus der Türkei nach München gekommen und wir wohnten zu dritt in einer 12 Quadratmeter kleinen Wohnung. Als ich fünfzehn war, habe ich dieses Haus gesehen und gesagt: hier möchte ich einmal leben." Wenige Stücke erinnern an seine türkische Heimat, ein Kelim, ein Paar handgeschliffene Kristalllampen, das reicht. „Wir sind noch so jung", sagt Erol, „wir werden noch viel entdecken und gemeinsame Erinnerungen sammeln."

Die Gemälde der jungen kroatischen Künstlerin Eda Kadiric gehören bereits dazu und ihre poetisch hingehauchten Mädchenfigurinen addieren zärtliche Symbole zu den spärlich möblierten Räumen. „Manchmal lege ich mich mitten auf den Boden, höre Musik und fühle die Harmonie", sagt Erol Sander. Und vielleicht stehen Shemsa und Massai dann ein wenig abseits, regungslos und aufmerksam, und wachen darüber, dass kein wildes Tier sich anschleicht.

Rechte Seite oben Während der Karl-May-Festspiele zieht die ganze Familie inklusive Hunde für drei Monate nach Segeberg und 325 000 Besucher lassen sich von Erol Sander alias Winnetou in den Wilden Westen entführen. „Die Rolle ist gefährlich und ich bin letztes Jahr vom Pferd gestürzt. Inzwischen habe ich mich eingeritten."

Unten Die goldene Buddha-Statue strahlt Gelassenheit und Wohlwollen aus und fängt damit die Grundstimmung von Menschen und Tieren ein. „Wir alle hassen Geknurre."

Warum *Rhodesian Ridgebacks* wie Shemsa und Massai?

- Wir lieben ihre ruhige Gelassenheit. Sie brauchen nicht andauernd Action
- Wir können uns keine zuverlässigeren Freunde für unsere Kinder vorstellen
- Shemsa und Massai sind nervenstark und selbstbewusst, Streitsucht und Bissigkeit sind unter ihrer Würde
- Sie haaren kaum und sind sie nicht einfach wunderschön?
- Wir sind beide passionierte und erfahrene Hundemenschen, das ist wichtig für ein harmonisches Zusammenleben mit sensiblen Tieren

Frauen ohne Schatten Zu Besuch bei Familie Strauss und ihren *bunten Hunden*

Der Ibach-Flügel wurde zwar nicht mehr vom Komponisten und Dirigenten Richard Strauss selbst bespielt – doch Lisa Strauss konnte ihm nicht widerstehen, als sie ihn in einem Geschäft entdeckte.
„Er spielte ja am liebsten auf Instrumenten dieser Marke." Nun steht das Prachtstück in ihrem lichtdurchfluteten Haus bei Starnberg und die 16-jährige Alice beißt sich an Uruopas Sonaten die Zähne aus. „Sie ist sehr begabt", sagt Lisa, „aber nicht fleißig genug für eine Karriere als Pianistin." Ihre Schwester Marie, 15, hält sich für völlig unmusikalisch und der 19-jährige Leopold ist bereits aus dem Haus, um seinen eigenen Weg zu finden. Niemand muss in dieser Familie tun, was er nicht will, und entsprechend gut gelaunt sind ihre Mitglieder.
Würde man der Atmosphäre eine Tonart zuordnen, so wäre sie C-Dur, und lägen Melodien in der Luft, könnte man sie leicht mitsingen und würde sie lang im Kopf behalten.

„Beagles sind Meutehunde und zu zweit glücklicher."

Lila Sonnenschirme, rosarote Tassen, grüne Gläser und eine orangefarbene Küche, violette Kissen und bunte Blumen vor großen Fenstern zeugen von ungetrübter Offenheit für die Sonnenseiten des Lebens. Nicht einmal die Hunde sind einfarbig – die Beagle-Hündinnen Polly, 6, und Emma, 3, untermalen die heitere Stimmung mit schwarz-weiß-braunen Akzenten. „Ich bin tatsächlich eine Frohnatur", sagt Lisa Strauss, „und das Wichtigste für mich ist ein Zufluchtsort, an dem wir uns wohlfühlen und zusammen sein können." Modern, aber nicht steril, ländlich, aber nicht spießig, cool, aber nicht kalt, so ein Ideal schwebte der „Urbayerin" vor.

Oben Tulpen in Krachfarben wachsen aus der Vase um die Wette. Stillstand und geschlossene Türen kommen im selbst entworfenen Holzhaus über dem Isartal nicht vor.

Links Urgroßvater Richard Strauss hätte sich hier garantiert wohlgefühlt. Seine große Leidenschaft galt – neben der Musik – der Familie.

Linke Seite Familienhaus mit Frühlings-Flair. Wer hier schlechte Laune hat, muss nur in die orangefarbene Küche gehen, eine gelbe Tasse aus dem Schrank holen und die rosarote Kaffeemaschine einschalten – gleich sieht die Welt wieder bunter aus.

Warum *Beagles* wie Polly und Emma?

- Sie sind weder zu groß noch zu klein, weder zu stark noch zu schwach
- Sie sind witzig und unternehmungslustig
- Sie gehen in der Familie auf. Sie lieben Kinder
- Auf der Jagd sind sie nicht zu halten, im Haus die reinsten Schoßhunde
- Sie wissen, was sie sollen und tun es ... meistens

Sie fand ein Grundstück mit Blick auf die Berge, einen seelenverwandten Architekten, der ihre Visionen umsetzte, und den Mut, nach ihrer Scheidung die Welt bunt anzumalen, und – endlich – Hunde anzuschaffen. „Ich wollte immer Tiere, musste aber den richtigen Zeitpunkt abwarten."
Die gebürtige Tirolerin Polly kam vor sechs Jahren ins Haus, Emma folgte drei Jahre später. „Beagles sind Meutehunde und zu zweit glücklicher", sagt Lisa Strauss, „sie mögen sich und uns."
Spazierengehen ist in der Familie Strauss die Lieblingsbeschäftigung: Leopold Strauss nimmt die Hunde mit auf die Jagd und die Mädchen drehen eine Runde mit ihnen, wenn sie aus der Schule kommen. Vielleicht schlagen hier die Gene des berühmten Ururgroßvaters durch? Immerhin brachte Richard Strauss in der *Alpensinfonie* seine Leidenschaft für Hochgebirgstouren zum Klingen und seine ausgedehnten Wanderungen rund um die Garmischer Villa waren starke Inspirationsquellen. Auch wenn man keinen Rosenkavalier mit nach Hause bringt, so fühlt sich auch Lisa Strauss frei und glücklich, sobald sie mit den Hunden unterwegs ist. „Wir lachen uns an, wir haben so eine Freude miteinander."
Zwischen Küche und Wohnzimmer, Essraum und Eingang gibt es keine Türen, nur luftige Durchblicke in blühende Wohnlandschaften, gegliedert von vier Säulen aus Lärchenholz. Ihre „Rinde" ist an manchen Stellen gesplittert, jede ist ein Unikat, wie man es eigentlich nur in der Natur findet. „Das ist für Rüden sehr verlockend", lacht Lisa Strauss und zeigt auf eine blank geputzte Stelle, „das Baumimitat scheint gut gelungen zu sein." Polly und Emma haben sich von den Markierungsarbeiten männlicher Besucher noch nie beeindrucken lassen. Vielleicht haben sie sich sogar hinter vorgehaltener Pfote zugezwinkert und ein wenig gekichert. Nicht nur bunte Accessoires und Blumen verraten eben, dass wir in einem fröhlichen Frauenhaushalt gelandet sind.

Linke Seite oben Lisa Strauss arbeitet in einem Lifestyle-Geschäft und lässt die Hunde von einer Dogsitterin betreuen, bis ihre Töchter aus der Schule kommen. „Sie sind alt genug, um sich zu kümmern."

Unten Schöner schlafen und trotzdem dabei sein. Die hübschen Hundebetten wurden dort platziert, wo Polly und Emma mitkriegen, wer kommt und geht.

Schnell wie der Wind *Formel 1* auf vier Pfoten

2011 war ein gutes Jahr für Jürgen Stolz. Zwölf weitere Pokale konnte er in die Vitrine stellen, darunter jene, die ihn als amtierenden Bayerischen, Deutschen, Vizeeuropa- und Vizeweltmeister im Schlittenhunderennen ehren.

„Gut, dass bei uns kein Geld gewonnen wird", sagt der Manager einer internationalen Importfirma, „so bleibt der Sport in Händen echter Huskiefreaks." Es ist eine verschworene Gemeinschaft aus abenteuerlustigen „Mushern" und lustvoll jaulenden Hunden, die sich vor Tagesanbruch in einsamen Wäldern trifft, um zwischen November und März auf vereisten Wegen mit Tempo 35 um die Wette zu rennen. „Das Teamwork mit den Hunden, die Landschaft, der Sound von knirschendem Schnee unter den Kufen – dieser Sport macht süchtig", sagt Stolz. Und die Kälte? „Daran gewöhnt man sich. Wenn's bergauf geht, muss man sowieso mitlaufen und mitschieben. Das hält warm. Und fit." Seit ihn 1992 eine Freundin mit der Anschaffung eines Hundes „von der Straße" holen wollte, gilt seine Leidenschaft den sibirischen Urhunden, deren Vorfahren vagabundierende Nomadenvölker durch Taiga und Tundra begleiteten und mit ihrem einzigartigen Orientierungssinn den rechten Weg wiesen. „Ich habe die Rasse ganz zufällig entdeckt", sagt er, „eigentlich wollte ich einen Retriever."

„Die alten Hunde haben bei mir einen glücklichen Lebensabend."

Die Entscheidung für den ersten Siberian Husky hat sein ganzes Leben geprägt. 16 im Training befindliche Hunde hausen heute in geräumigen Zwingern rund um den 1870 erbauten Einödhof bei Landsberg am Lech. Mit ihrem zehnten Geburtstag dürfen die verdienten Hochleistungssportler zum ersten Mal ins Haus und auf den breiten Sofas von vergangenen Hetzjagden träumen.

Oben Ob ein Welpe das Zeug zum „Leader" hat, ist – neben Kondition und Kraft – Intelligenzsache. Der Musher entscheidet nach einem Jahr Training, welche Position für den zukünftigen Champion geeignet ist.

Rechts Gnadenbrot für verdiente Sportsfreunde. Nach ihrer Karriere dürfen die Husky-Senioren ihren Lebensabend im warmen Haus verbringen.

Rechte Seite Huskies gehören zur Kategorie der Urhunde und sind dem Wolf immer noch sehr nah. Sie wollen laufen, laufen, laufen ...

Im Schnitt genießen etwa sechs Rentner die Ruhe nach dem Sturm, einer darf täglich mit ins Büro. „Die alten Hunde haben bei mir einen glücklichen Lebensabend."

Der Hundesportler mit dem großen Herz für seine Senioren hat die gemütlichen Zimmer mit einigen Tricks – wie Steinböden, Boxentüren und schmutzabweisenden Läufern – hundetauglich gemacht, ohne den ursprünglichen Charme zu zerstören. Nur die rosaroten Kinderzimmer bleiben unantastbares Hoheitsgebiet: Hier regieren die Töchter Savannah und Coletta als souveräne Prinzessinnen über ein vielgestaltiges Volk aus Plüschhunden, ihre Lieblingsuntertanen sind natürlich Huskies mit blauen Glasaugen. „Auch wenn sie noch so betteln, die lebendigen Exemplare müssen draußen bleiben." Umgekehrt haben Savannah und Coletta jederzeit Zugang zu den Zwingern der Rennhunde und dürfen mit ihnen auf der Wiese herumtollen, wenn sie den stolzen Vater am Wochenende besuchen oder die Ferien bei ihm verbringen. „Huskies sind total kinderlieb", sagt er.

Gern vergleicht Jürgen Stolz sein Hunderudel mit einer Fußballmannschaft: jeder hat die ihm zugewiesene Position, der Beste ist der Leithund und ohne Fairness und eisernes Training geht gar nichts. Menschenfreundlichkeit ist ein seit Urzeiten geförderter Charakterzug der Huskies. Nur die folgsamsten und freundlichsten Rüden und Hündinnen sind geeignet, im Team zu arbeiten, sich führen zu lassen und Kommandos zu befolgen. „Wenn man sie nicht laufen lässt, werden sie allerdings schwierig", sagt Jürgen Stolz, „dann gehen sie vor Langeweile die Wände hoch und landen irgendwann im Tierheim." „Eric of Fort Siberians", ein grauweißes Temperamentsbündel von zwölf Wochen, ist zurzeit seine größte Nachwuchshoffnung. „Er hat das Zeug zum Leithund." Um die Nase vorn zu haben, sind jedoch nicht nur gute Pflege, bestes Fressen und gesunde Ahnen nötig. „Wir gewinnen, weil unsere Hunde Familienmitglieder sind und keine Sportgeräte." Jürgen Stolz freut sich schon auf den nächsten Schnee. Wenn die Temperaturen fallen, erwachen er und seine besten Freunde aus dem Sommerschlaf. Beim internationalen Rennen auf dem Winterberg im Februar 2012 darf Eric noch nicht dabei sein und gegen 150 Gespanne und 600 Hunde antreten. Doch Jürgen Stolz wird auch ohne ihn weitere Pokale in seine Vitrine stellen können.

Rechts Wo viele Hunde wohnen, ist Pragmatismus angesagt. Rustikale Möbel und pflegeleichte Böden dominieren den Wohnstil im Erdgeschoss.

Rechte Seite innen Beim Schlittenhunderennen geht es um die Ehre. Die wichtigsten Auszeichnungen kommen in die Vitrine, der Rest lagert im Keller. „Ich kann die Pokale nicht mehr zählen", sagt der amtierende Vizeweltmeister.

Rechte Seite außen Das Kinderzimmer von Savannah ist huskyfreie Zone. „Stimmt gar nicht", ruft die kleine Hundefreundin empört und nimmt ihr Plüsch-Leithündchen in den Arm.

Warum *Siberian Huskies* wie Eric, Sneaker, Dusty, Balko und 18 weitere?

- Huskies sollten im Rudel gehalten werden. Sie sind dem Wolf noch sehr nah
- Ich bin ihr Manager, Trainer und Mitspieler gleichzeitig. Wir sind ein Topteam
- Als „Musher“ (Schlittenlenker) muss man genauso fit sein wie die Hunde. Das gefällt mir
- Die Hunde sind anspruchsvoll und stolz. Sie denken mit
- Sie sind nicht dafür geschaffen, an der Leine zu gehen. Sie wollen nicht zurückgehalten werden. Wir sind uns ähnlich

Bühne frei
Für Vasen und Hasen, Geister und Götter, Hirsche und Hunde

Würde König Ludwig II. heute Lust auf eine Rast in Wuppertal haben, so erschiene ihm die prachtvoll ausstaffierte Villa von Hazy Hartlieb und seinem Partner Lothar Abstohs wie die Verkörperung seiner kühnsten Träume.

Vielleicht handelt es sich bei dem Kostümbildner, Theatermacher und Träumer Hazy gar um einen Seelenverwandten? Auf jeden Fall hätte dem bayerischen Märchenkönig die Atmosphäre königlicher Dekadenz gefallen, die Sorglosigkeit und Kalkül, Genie und Wahnsinn gleichermaßen heraufbeschwört.

Hunderte von bunten Vasen leuchten in handversilberten Vitrinen, funkelnde Pfauenaugen schauen von den Tapeten, Porzellanhasen mit Steh- und Schlappohren hoppeln über die Tische, goldene Sessel und Fünfzigerjahre-Nippes gehen verwegene Verhältnisse ein. Passend zum galanten Allerlei aus elitär und eigenartig zeigen sich auch die lebenden Vierbeiner, zwei griechische Straßenhunde, die Hazy „nach jahrelanger Quengelei" in sein „Schloss Wuppertal" holte. Der siebenjährige Joker und sein zweijähriger Freund Jorik nehmen ihre Rollen als Shakespear'sche Hofnarren wörtlich und tun, was ihnen gefällt. „Sie dürfen alles. Warum soll es ihnen schlechter gehen als uns selbst?", sagt Lothar Abstohs, der auf einem Gut im oberbergischen Land groß wurde und sich an Hunde im Bett und auf dem Sofa erst gewöhnen musste. „Inzwischen ist er fast hundeverrückter als ich", sagt Hazy Hartlieb.

Wer meint, ein Hund habe auf den Seidenkopfkissen im Schlafzimmer nichts verloren, ein eiserner Heiland passe nicht zu einem elefantenköpfigen Ganesha oder „hysterischer" Kitsch vertrage sich nicht mit kostbaren Antiquitäten, sucht besser das Weite. Denn Hazy und Lothar haben ihr Reich unbeeindruckt von Geschmacksdiktaten ausstaffiert

Seiten 72–73 1890 schuf sich der Goldzack-Erfinder Carl Zehnder ein repräsentatives Refugium in der Nähe seiner Gummibandweberei. Hazy Hartlieb, sein Partner Lothar Abstohs und die beiden Mischlinge Joker und Jorik fühlen sich darin seit 2010 so wohl wie nie.

Oben Bitte Platz zu nehmen! In einer Wohnwelt, in der die Regeln des sogenannten guten Geschmacks auf den Kopf gestellt werden.

Rechts Haus im Wandel der Zeiten. Angefangen hat alles mit einer einzigen gelben Flohmarkt-Vase für 10 Mark. Heute ist keine Versteigerung vor Hazy Hartliebs Kennerblick sicher.

Rechte Seite Im persönlichen Paradies des Bühnenbildners, Kostümdesigners und Kreativ-Unternehmers entfaltet sich märchenkönigliche Pracht.

wie Paradiesvögel ihr buntes Nest. Hier ein Art-déco-Schminktischchen, dort röhrende Bronzehirsche, hier ein einzigartiges Bretz-Sofa, dort Tierköpfe aus dem Dekoladen. „Es geht um Fantasie“, sagt Hazy, „was die Frau an dem Schminktisch wohl gedacht hat? Wie ihre Parfums und Puderquasten gerochen haben? Was für Kleider sie trug? Und es geht um Freiheit. Um die Lust, sich selbst und die Dinge um einen herum zu verwandeln. Es gibt doch tausend Geschichten zu erzählen.“ Prallvoll mit der Lust an humorvoller und hemmungsloser Selbstdarstellung waren beispielsweise Hazys Kostümentwürfe für Hella von Sinnen oder Lilo Wanders, die er in „verzickte Divenfummel“ steckte oder gleich als Piratenbraut oder komplettes Schloss Neuschwanstein auf die Show-Bühne schickte.

„Es geht um Fantasie.“

Oft steckten so seriöse Auftraggeber wie die Post, die Telekom oder das Kanzleramt hinter singenden Telefonen, wandelnden Liebesbriefen oder lebenden Schachspielen aus den Werkstätten des Raloth-Creativpools – bis 2006 die bevorzugte Spielwiese der kreativen Unternehmer. Die schillernde und dabei sorgfältig geplante Hauptsache ist für das Hartlieb-Abstohs-Duo inzwischen die Inszenierung von Galadinners, theatralischen Themenabenden in Schlössern oder Luxus-

Oben Die Hunde dürfen alles, haben aber in dem wahnsinnigen Überfluss an zerbrechlichem Zierrat noch nie etwas kaputt gemacht. „Sie sind sehr vorsichtig.“

Linke Seite „Sperrmüllpop“ nennt Hazy Hartlieb das Sammelsurium aus Schrägem und Schönem. Bei näherem Hinsehen entpuppt sich das vermeintliche Durcheinander als sorgsam inszeniertes Gesamtkunstwerk.

hotels. „Den Gast erwarten akustische Schmeicheleien, duftende Verführungen, optische Leckerbissen ...", schwärmt Hazy Hartlieb. Hinter den blumig gekleideten Superlativen stecken 180 Mitarbeiter, davon fast 100 Darsteller und Schauspieler – und hinter dem leichtfüßigen „Spaß an der Freud" verbirgt sich viel Arbeit und eiserne Disziplin. „Wir machen fast alles selbst, und das rund um die Uhr."
„Ohne Fleiß kein Preis", ist auf einem original bleiverglasten Fenster ihres Jugendstil-Juwels von 1890 zu lesen, wenn die Sonne hindurchscheint. Der Bauherr von „Schloss Wuppertal", „Gold-Zack"-Gründer Carl Zehnder, hat demnach auch an den Ernst des Lebens erinnert, als er Sockenhalter, Hosenträger und Gummibänder aller Art salonfähig machte. Dass die Kombination von Übermut und Weitblick, Selbstvertrauen und Kopfzerbrechen sich allemal lohnt, wissen wir nicht erst seit Ludwig II.

Oben Eine kleine Überraschung wartet in jedem Eckchen. Der verschnörkelte Gartentisch dient als Frühstücksplatz.

Links Lautes funktioniert mit Edlem, und sobald ein Hund beteiligt ist, sieht alles noch einladender aus.

Rechte Seite oben Seit 25 Jahren sind Hazy Hartlieb und Lothar Abstohs Partner. „Einer hält das Geld zusammen, der andere gibt es aus." Hundeverrückt sind beide.

Warum *zwei Hunde* wie Joker und Jorik?

- Wenn wir uns streiten, schauen sie so unglücklich, dass wir uns gleich wieder versöhnen
- Unsere Geschäftsreisen sind viel entspannter geworden, seitdem sie uns begleiten
- Sie sind sehr vorsichtig und haben noch nie etwas heruntergeschmissen
- Wir haben Kuhfelle auf den Boden gelegt. Im Zweifelsfall haaren die Kühe
- Wir kaufen gern schöne Accessoires für sie, zum Beispiel besonders ausgefallene Näpfe, die perfekt ins Zimmer passen

Heidi und Fritz
Das Dream-Team
„Wir kommen überall klar“

I LOVE MY TIME

Fritz ist eigentlich gar kein Hund. Zumindest dann nicht, wenn man unter „Hund" einen gut geschulten stummen Diener versteht.

„Fritz ist mein Kumpel", sagt die Regisseurin Heidi Kranz, „wir machen alles zusammen." Fritz ist Heidis erster Hund, pardon, ihr erstes vierpfotiges Alter Ego. „Er hat einen starken Charakter und liebt seine Unabhängigkeit. Genau wie ich." Fressen, bellen, laufen – solche typischen Hunde-Aktivitäten findet Fritz eher belanglos. Viel mehr interessieren ihn die Filme, die seine Seelenverwandte in nahen und fernen Ländern dreht. Dann steigt das knapp 5 Kilo schwere Fellknäuel mit ihr ins Flugzeug, macht sich mit der Location und dem Team vertraut und hält sich an den Tonmann. „Fritz kann alle Geräte voneinander unterscheiden. Er hat schnell herausgefunden, dass das Tonequipment an Ort und Stelle stehen bleibt und keinen Lärm macht." Seit drei Jahren begleitet Fritz seine Heidi zu Dreharbeiten, aufmerksam beobachtet er ihre Regieanweisungen und weiß, wann die letzte Klappe gefallen ist. Ihr persönlicher „Superstar" aus der russischstämmigen Familie der Bolonka Zwetna ist ein im wahrsten Sinne des Wortes „bunter Hund" (Zwetna = bunt; Bolonka = Hündchen). Seine reinweißen Vorfahren führten am Zarenhof ein Leben in Saus und Braus – bis sie während der Revolution das Schicksal ihrer hochadeligen Herren teilen mussten und quasi ausgerottet wurden. Erst mit dem Fall des „Eisernen Vorhangs" in den achtziger Jahren kamen die letzten Überlebenden in die ehemalige DDR. Inzwischen waren die ehemals weißen Bolonka Franzuska mangels reinrassigem Nachschub „bunt" geworden – es gibt sie in rot-goldenen, zobelgrauen, lohfarbenen, scheckigen, silbernen, schwarz-weißen und vielen weiteren Schattierungen – und erhielten einen eigenen Familiennamen. Fritz schokobraune Zeichnung ist eher selten, wobei Fellanlage und Farbe sogar unter Geschwistern variieren können. Dass Fritz ein Unikat ist, liegt aber nicht nur an seinen einzigartigen braun-wollweißen Locken. Er hat auch hellseherische Gaben, die ihn vom Rest der Hundewelt unterscheiden. So kann er an Heidis Garderobenwahl und Schminkaufwand erkennen, was sie vorhat, und an ihrer Kör-

Oben „Petersburger Hängung" im Büro. Die Regisseurin schaut vom Schreibtisch aus auf ihre Lieblingsbilder – viele stammen von befreundeten Künstlern.

Rechte Seite Individualität ist die wichtigste Ingredienz in Heidi Kranz' Leben. „Mich interessiert alle fünf Minuten etwas Neues."

Warum einen *Bolonka Zwetna* wie Fritz?

- Ich kann mich in seine Augen fallen lassen
- Er ist ein starker Charakter – genau wie ich
- Ich lerne von ihm, er von mir
- Zweimal täglich essen wir, dreimal täglich gehen wir spazieren und sind zufrieden
- Er ist total unbestechlich. Von Fremden nimmt er nichts
- Er haart nicht. Für mich als Allergikerin besonders wichtig
- Bisher war ich immer allein unterwegs, jetzt habe ich einen Kumpel

persprache ablesen, ob er mitdarf. „Im Moment ist er stocksauer, weil ich ihn nicht zu einer Locationbesichtigung nach China mitnehmen kann“, sagt Heidi Kranz und macht ihm zuliebe einen großen Bogen um den halb gepackten Koffer.

„Er ist möglichst auf allen Reisen dabei.“

Dass die beiden Kumpel in einer höchst individuellen, authentischen Wohnung leben, verwundert nicht. Afrikanischer Ritualschmuck, Beuys-Skultpuren, Ingo-Maurer-Lampen und Zebrafelle, holzgeschnitzte Mönche aus Burma und Murano-Glas aus den fünfziger Jahren – auf wunderbar eigenwillige Weise passt alles zusammen, was Heidi gefällt. Dabei spielt die Einrichtung ihrer Münchner Stadtwohnung eine untergeordnete Rolle. „Mich interessiert alle fünf Minuten etwas Neues. Ich kann auch in Berlin oder sonstwo auf der Welt glücklich sein.“ Ein Leben ohne Fritz kann sich Heidi Kranz allerdings nicht mehr vorstellen. „Er ist möglichst auf allen Reisen dabei, er geht mit mir auf Partys und Premieren. Ich wusste nicht, dass man einen Hund so lieben kann.“ Zu besonderen Anlässen trägt er ein feines schwarzes Strasshalsband, „dann weiß er, es wird spät“. Darf er anschließend im Bett schlafen? „Na ja ...“

Fritz hat sich inzwischen oft genug auf den Arm nehmen lassen und für die Kamera posiert. „Er mag das eigentlich nicht“, sagt Heidi, „er wird nicht gern festgehalten und ist auch kein Schoßhund.“ Und so springt er zweimal gegen ihren Mantel, der an der Garderobe hängt, und bellt einmal kurz. Man muss kein Experte in Hundesprache sein, um seine Regieanweisung zu verstehen.

Oben Dinge, denen Heidi Kranz auf ihren Reisen begegnet, werden in ihren eigenen vier Wänden zu kongenialen Nachbarn. Auf wundersame Weise vertragen sich chinesische Revolutionärinnen und burmesische Mönche, eine Christo-Zeichnung und namibischer Humba-Schmuck, englisches Silber und Ingo-Maurer-Lampen. „Qualität und Originalität kann man unbegrenzt mischen.“

Linke Seite oben Zwei, die sich auf Augenhöhe begegnen, nicht auf Kommando lachen und frei sein wollen. „Wir sind auf der ganzen Welt zu Hause.“

Luxus und Understatement

Auf Tuchfühlung mit Nino Cerruti

Michael Douglas' Anzüge in dem Erotik-Thriller „Basic Instinct" waren eine halbe Nummer zu groß.
„Das war ein Trick", sagt Nino Cerruti, „denn natürlich waren alle Outfits maßgeschneidert. Aber er wirkte darin, als ob er abgenommen hätte, übermüdet und überfordert, am Tiefpunkt seines Lebens angekommen. Das passte zur Rolle." Marcello Mastroianni, Jean-Paul Belmondo, Kathleen Turner, Clint Eastwood, Richard Gere und „Pretty Woman" Julia Roberts – die Liste der Superstars, denen Cerruti in über 200 Filmen den Storyline-Look auf den Leib geschneidert hat, ist schier endlos. Dabei kommt es darauf an, so der Guru des „personal style", „sich nicht selbst in den Vordergrund zu spielen, sondern das Wesentliche mit winzigen Details sichtbar zu machen".
Star-Allüren, Extravaganz oder Sprunghaftigkeit sind seit jeher Fremdworte für „Signor Nino", wie die Mitarbeiter der Lanificio Fratelli Cerruti ihren Chef jeden Morgen begrüßen. „Heute dies, morgen das, gibt es für mich nicht", sagt er, „soll die Suche nach neuen Ideen intelligent sein, dann gehören die emotionalen Werte aus der Vergangenheit dazu." In der charmanten Villa über dem norditalienischen Örtchen Biella – wo auch die 1881 vom Großvater gegründete Weberei beheimatet ist, die Nino Cerruti zu einer Weltmarke ausbaute – atmen die Wände, leben die Erinnerungen, sind Tradition und Fortschritt eng miteinander verwoben. Wie alles andere – die Fotos und Souvenirs, der Plakatentwurf für die erste Boutique in Paris, die von Freunden gemalten Bilder und die Sammelteller auf der Stellage – hat auch das Haus eine besondere Geschichte: Ninos Vater schenkte es seiner Mutter zur Geburt des ersten Sohns. „Ich kenne alle Bäume von Kindesbeinen an und habe sie wachsen gesehen, oft möchte

Oben Bereit zum Ausgehen. Die Dackel Gigi und Lola gehen nicht ohne lässige „Kleidung" auf die Straße. Kein Wunder – ihr Herr ist Nino Cerruti, der Erfinder von Casual Wear und Unisex.

Rechte Seite Sehnsuchtsraum. Die 1834 erbaute Villa schenkte Nino Cerrutis Vater seiner Frau vor 80 Jahren zur Geburt des ersten Sohns. Und etwa zur gleichen Zeit zogen die ersten Dackel ein. „Seit drei Generationen sind sie unsere Glücksbringer."

ich sie umarmen." Was und wen Nino Cerruti liebt, dem ist er treu. Seiner „Micky", wie er seine langjährige Partnerin, die zierliche, pfiffige Sibylla Jahr nennt, seiner Großfamilie, seinem Zuhause, seinen Hunden. „Warum sollte ich verreisen?", fragt er, und beim besten Willen fällt niemandem ein Grund ein. „Ruhe und genug Platz. Das ist meine Vorstellung von Luxus und Glück." Zur Pasta in der romantischen Loggia entkorkt Nino Rotwein vom Nachbargut, im Garten blühen Rosen und reifen Zitronen, kräht der „eitle Gockel" Napoleon und die Enten warten auf ihre tägliche Ration Löwenzahn. Und dann gibt es noch „Tiere, halb so hoch wie Hunde und doppelt so lang", Gigi und Lola, Rauhaardackel-Signorine in der dritten Generation.

„Ich will keine affige Beziehung. Hund ist Hund, und Mensch ist Mensch."

„Bassotte" heißen sie auf Italienisch, was in etwa „tiefer gelegt" bedeutet, und wenn Nino oder Sibylla sie mit „Brave Bassotte" ansprechen, legen sie sich wenn möglich noch tiefer und es gibt eine Belohung – wofür auch immer, vielleicht einfach nur fürs Dasein. „Wir teilen uns Haus und Garten in gegenseitigem Respekt", sagt Nino Cerruti, „ich will keine affige Beziehung. Hund ist Hund, und Mensch ist Mensch." Klingt konsequent. „Na ja. Natürlich bringe ich sie jeden Abend mit einem Gutenachtkuss ins Bett."
Nino Cerruti hat sich seit ein paar Jahren aus dem aktuellen Modegeschäft zurückgezogen, zu banal und destruktiv sei das Geschäft geworden, meint er. Wen würde er als Nachfolger akzeptieren? Der Erfinder von Casual Wear und Unisex muss nicht lang überlegen. „Wer in diesem Haus etwas gegen

Seiten 90–91 Jeder Teller in der Stellage im Esszimmer hat eine Reise hinter sich und eine eigene Geschichte. „Wir sammeln sie in aller Welt zusammen."

Rechts Traditionen werden hoch geschätzt im Hause Cerruti. Emotionale Bindungen nicht zu zerschneiden, sondern sich ihren Wert ständig vor Augen zu führen, ist für Cerruti eine wichtige Inspirationsquelle. „Destruktivität lähmt mich."

Rechte Seite Sieben Rosen pflanzte Cerrutis Lebenspartnerin Sibylla Jahr einst an die Mauern des Hauses. Dank ihrer liebevollen Zuwendung wachsen sie in den Himmel und schenken Schatten und süße Düfte.

Miuccia Prada sagt, bekommt es mit Sibylla zu tun. Ich halte auch sehr viel von dem Bottega-Veneta-Designer Tomas Maier." Während die quirlige „Micky" in der Küche einen Salat aus bunten Farben komponiert, dreht Nino die Stereoanlage voll auf und Gianna Nanninis schräge Neuinterpretation von „Volare" dröhnt durchs Haus. Er reißt die Arme hoch und singt mit und die Dackel wedeln im Takt. Ruhe bedeutet für Cerruti nicht Rückzug oder Stillstand. So kaufte er 2005 eine Firma, die unter dem Markennamen Cerruti Baleri hochmoderne Möbel produziert, experimentiert nach wie vor mit Stoffen und bereichert neue Techniken mit altem Know-how. „Es muss sich vieles ändern, damit alles so bleibt, wie es ist", sagt Fürst Fabricio in Tomasi di Lampedusas Roman *Der Leopard*. Das Zitat könnte auch Nino Cerruti in den Mund gelegt werden.

Oben Wie bei allem, was Nino Cerruti und Sibylla Jahr beginnen und vollenden, wird höchste Qualität gewürzt mit Leichtigkeit und Lebenslust. Sibylla entwirft seit einigen Saisons eine eigene Modelinie; Nino kümmert sich um Stoffkollektionen für die wichtigsten Couture-Labels der Welt und leitet gemeinsam mit seinem Sohn eine moderne Möbel-Manufaktur. Und stets wird dabei gut gegessen und getrunken.

Rechte Seite innen „Wir teilen uns mit den Hunden das Haus in gegenseitigem Respekt." So wird zum Beispiel nur gestaubsaugt, wenn Gigina draußen ist – sie hasst Maschinenlärm –, und nie ohne Lola in den Weinkeller gegangen – sie liebt es, dort Mäuse zu suchen.

Rechte Seite außen Liebe geht durch den Magen und das Auge isst mit. Zum Lunch treffen sich alle in der schattigen Loggia mit Blick auf duftende Zitronenbäume.

Warum *Dackel* wie Gigi und Lola?

- Dackel sind unsere Glücksbringer
- Sie sind zärtlich und mutig zugleich, manchmal wollen sie schmusen, manchmal jagen sie Salamander
- Sie liegen auf dem Sonnenstrahl, der morgens in unser Zimmer scheint
- Zwei Hunde sind lustiger als einer allein
- In unserer Familie gab es immer Dackel. Wir kennen die Rituale, einander glücklich zu machen

Haben wir heute noch Termine? *Die Berner Sennhündin* Paula und das Bankgeschäft

Legendäres Paris

Wenn Thomas Müller um 4 Uhr morgens aus dem Bett steigt, um die Weltmarktlage zu sondieren, dreht sich seine Assistentin Paula noch einmal in ihrem Körbchen um.

Der Werktag der neuneinhalbjährigen Berner Sennhündin beginnt erst, wenn ihr Arbeitgeber sich auf die Treppe setzt und seine Schuhe anzieht. „Das ist ihr Wecksignal", erzählt der Direktor der traditionsreichen Berenberg Bank in Bremen, „das hat sie noch nie verschlafen." Hund und feine Privatbank? Mann im dunklen Anzug mit Schnauze auf dem Knie? Kundengespräch über Aktienoptionen in Gegenwart eines bellenden Beisitzers? „Paula ist sehr diskret", sagt Thomas Müller, „und sie kann unterscheiden. Sie spürt sofort, wie nah sie dem einzelnen Kunden kommen darf. Es ist ein großer Gewinn, mit Paula den Arbeitsplatz zu teilen." Feingefühl und höfliche Distanz liegen förmlich in der Luft, wenn man einen Termin mit dem Direktor und seiner Hündin in dem 1903 erbauten Bankgebäude hat.

„Der Hund schwimmt genauso gern und gut wie ich."

Keinen Moment lässt Paula ihren Chef aus den Augen und erwartet ohne mit der Wimper zu zucken seine Anweisungen. Dass die „Peng" oder „Pfötchen" heißen, mag einen seriösen Investor zunächst irritieren. Vielleicht lassen sich damit aber auch die Regeln beschreiben, nach denen der gesamte Geldmarkt funktioniert? „So einfach ist es natürlich nicht", lacht Thomas Müller, „aber es stimmt schon: Manchmal muss man sich zurückhalten und ein andermal drauflosgehen." Nur einen Katzensprung entfernt von der eleganten Repräsentanz mit ihrem knarzenden Parkettboden und den

Oben Paula bei der Arbeit. Die „superintelligente" Hündin begleitet Thomas Müller zu wichtigen Kundengesprächen und ist für ihre Diskretion bekannt. „Wenn ich sie einmal nicht mitnehmen kann, bleibt sie apathisch vor der Haustür liegen und wartet, bis ich wiederkomme."

Rechts French Bullys sind zwar klein, aber kämpferisch. Das poppige Anzeigenmotiv im Treppenhaus der feinen, aber frechen Privatbank Berenberg zeigt, welcher Geist hier seit 400 Jahren weht.

Rechte Seite Die neunjährige Berner Sennhündin Paula hat einen langen Arbeitstag hinter sich. Wäre sie nicht Assistentin ihres Bankdirektors geworden, hätte sie wohl auch als Zirkushund Karriere machen können. „Sie hat sehr viel Witz und kein Lampenfieber."

streng von der Wand blickenden Gründervätern liegt die Müller'sche Privatvilla. „Paula hat sie mit ausgesucht", sagt der Direktor, und seine Frau Lisa, die im Souterrain eine Clarins-Dependance betreibt, nickt. „Das Gebäude von 1916 war in einem jämmerlichen Zustand. Aber Paula hat eben Instinkte, von denen wir nur träumen können." „Instinktiv", so scheint es, hat Paula auch ihr Pfötchen bei der Einrichtung im Spiel gehabt. Kein Sofabezug ist allzu schonungsbedürftig, kein Sessel tabu, kein Zimmer Sperrgebiet. Und alle gönnen ihr nach einem langen, verantwortungsvollen Arbeitstag den wohlverdienten Power-Nap im Ehebett. „Weißt du eigentlich, wo mein Blackberry ist?", fragt Thomas Müller plötzlich mitten in die dunklen Hundeaugen hinein. Paula lässt den Kopf hängen. „Schade." Als hochintelligent stuft der Direktor seine vierbeinige Mitarbeiterin ein, „aber alles kann sie eben auch nicht wissen". Pünktlich nach der Mittagspause auf dem Marktplatz mit Blick auf die Bremer Stadtmusikanten und einer Wurst bei Metzger Lohmann – „andere mag Paula nicht" – sitzen die beiden wieder am und unterm Schreibtisch. Was immer die Welt aus den Fugen geraten lässt, wo immer es brennt und bröckelt, Paula und Herr Müller behalten den Überblick und die Ruhe. „Hektische Hin-und-Her-Hetzerei ist nicht unsere Sache." Nach Feierabend werden sie einen gemeinsamen Spaziergang zum Stadtwaldsee machen und Halsband und Nadelstreifenanzug am Ufer ablegen. „Der Hund schwimmt genauso gern und gut wie ich." Die mühsamen Besuche im Fitnessstudio hat Thomas Müller längst eingestellt, seitdem Paula sowohl Berufsalltag als auch Freizeitaktivitäten mit ihm teilt. Als die beiden nach Hause kommen, liegt das verschwundene Blackberry auf dem Küchentisch, Lisa Müller hat es in der „dicken Jacke" gefunden. „Was machen wir eigentlich heute noch?", fragt der Direktor in die Runde und checkt seinen Terminkalender. „Ach ja, wir gehen ins Theater, das hätte ich beinah vergessen." Er sieht Paula an, als hätte er sie verraten. Doch seine Hündin ist bereits auf dem Weg zu ihrem Hundebett und ihre Rute hängt auf Halbmast. „Sie versteht einfach jedes Wort", seufzt er und holt ein frisches Hemd aus dem Schrank.

Oben Das barocke Paar hat Thomas Müller bei einem kleinen Antiquar entdeckt und ihm einen Ehrenplatz im Schlafzimmer gegeben.

Rechte Seite oben Thomas und Lisa Müller wohnen in einem echten Hundehaus. Wichtiger als ästhetische Raffinessen ist ein einvernehmliches Zusammenleben.

Warum eine *Berner Sennhündin* wie Paula?

- Ihre Anwesenheit verbessert das Arbeitsklima
- Sie ist extrem einfühlsam. Sie hält sich an die Regeln und stört niemanden
- Sie hat Witz und Charme
- Ich kann mit ihr sprechen und sie versteht jedes Wort
- Wir teilen die gleichen Interessen: Wasser, gegrillte Würstchen und lange Spaziergänge
- Ich beanspruche nur Freiheiten für mich und meinen Hund, die andere nicht einengen. Es wäre natürlich paradiesisch, wenn alle so dächten

Schnuppertag im *Hundeschlosshotel* Ferien mit Familien-anschluss

Ball spielen im Burggraben, Frühstück ans Körbchen, Wellness im Pool, Fußbodenheizung – wer im Hundeschlosshotel von Prinz Nikolaus Ratibor eincheckt, kann sich auf einen tierisch erholsamen Aktiv-Urlaub freuen.

„70 Prozent der Klientel sind Stammhunde", sagt der hochadelige Direktor, „die geben mir schon am Eingangstor persönlich die Pfote." Die drei schwergewichtigen Haushunde, die Leonberger Zamira, 2, Imola, 5, und Aldonna, 7 Monate, sind Gäste gewöhnt und wissen, dass diese im Schnitt nach fünf Tagen wieder abreisen. „Sonderwünsche der Gäste werden von ihnen gelassen hingenommen." Direkt neben den etwa 30 Doppelzimmern mit Terrasse und Blick ins Grüne liegt die Rezeption, wo Futterplan, Aufenthaltsdauer und besondere Wünsche notiert werden.

„Die Hundekompetenz liegt mir im Blut."

Natürlich wohnen unkastrierte Rüden und Hündinnen getrennt – Zucht und Ordnung müssen sein – dreimal am Tag gibt es Gruppenausflüge durch den 40 000 Quadratmeter großen Park, zwischen acht und neun Uhr abends wird ins Bett gegangen. „Wir nehmen nur sozial verträgliche Hunde auf, Randalierer müssen leider draußen bleiben."

Die Idee, in den ehrwürdigen Gemäuern seiner Vorfahren ein Grandhotel für Vierbeiner zu eröffnen, hatte Prinz Ratibor 1995. „Mein Vater war Tierarzt, züchtete French Bullys und war einer der kompetentesten Richter seiner Zeit. Ich habe ihn als Kind oft auf Ausstellungen begleitet und einen größeren Teil meines BWL-Studiums mit Dog-Sitting finanziert. Die Hundekompetenz liegt mir im Blut." Das gilt auch für seine Frau Jeannette, die mit Barsois und Bassets in Ham-

Oben Die Ursprünge der ehemaligen Burganlage lassen sich bis ins Jahr 793 zurückverfolgen. Von 1937 bis 1973 war das Schloss unbewohnt, heute herrscht Leben in der Bude.

Rechts Weite Wege, hohe Treppen, riesige Hunde. Die vierjährige Felicitas ist an überdimensionale Proportionen gewöhnt.

Rechte Seite Im Saal wird gespielt und herumgehopst, das Trampolin steht im stuckverzierten Salon und die Bälle liegen im Schlossgraben. Ratibors haben sich das ererbte Gebäude untertan gemacht und leben so, wie es ihnen gefällt.

burg aufgewachsen ist und als Unternehmensberaterin arbeitet, und natürlich für ihre vier gemeinsamen Kinder. Die zehnjährige Marie-Louise trainiert mit den ponygroßen Hunden bereits unter professioneller Anleitung, ihre jüngeren Schwestern wollen (verbotenerweise) auf ihnen durchs Zimmer reiten und der zweimonatige Kilian grabscht aus seiner Wiege nach den feuchten Hundenasen. „Direkt nach den Kindern kommen die Hunde", sagt Nikolaus, „in privater und beruflicher Hinsicht."

Konservative Elemente, die sich im Lauf der Generationen angesammelt haben, prägen das Bild und erzählen Geschichten aus vergangenen Zeiten. Die zierlichen Empire-Sofas, barocken Blumenstücke und gotischen Holzpaneele waren schon immer da, „und ich finde nichts langweiliger,

Oben Hundeliebe wurde Jeannette und Nikolaus von Ratibor in die Wiege gelegt und hat sie bis in den barock ausgeschmückten Salon begleitet. An ihren Molossoiden schätzen beide das ausgeglichene Temperament. „Sie sind auch durch kleine Kinder nicht zu beeindrucken. Und ein Hütehund kam nicht infrage, der hätte andauernd versucht, die Gasthunde einzufangen."

Linke Seite Hier fühlt sich der Hundegast wie ein König. Das Schlosshundehotel bietet Platz für etwa 30 bis 40 vierpfotige Gäste, die meisten bleiben durchschnittlich fünf Tage und werden von professionellen Hundetrainern betreut. Die Retriever treiben sich naturgemäß am liebsten am Pool herum.

als Einrichtungsmagazine zu wälzen", sagt Jeannette von Ratibor. Wichtiger als smartes Design ist dem dynamischen Ehepaar die Beseitigung störender Veränderungen – wie die Überklebung kunstvoll eingelegter Fußböden – und die Erhaltung der Bausubstanz aus dem 12. Jahrhundert. „Das ist wie beim Kölner Dom", sagt Jeannette, „irgendwo bröckelt es immer." Dass die Ratibors das „Fass ohne Boden" mit Humor füllen, zeigt ein Blick in den Rittersaal. Wo sich einst Burgfräulein und ihre Kavaliere von Gauklern unterhalten ließen oder an langen Tafeln schmausten, stehen heute Kasperltheater und Tischtennisplatte und an den Spiegeln hängen bunte Kindermalereien. Nikolaus von Ratibor fährt hier mit seinen Rollerblades im Kreis herum und die Töchter hopsen auf Bällen durch den Raum. „In einem riesigen Haus mit vielen Kindern und Hunden muss man sich vom Perfektionismus verabschieden, sonst wird man wahnsinnig", meint Jeannette. „Die zeitlichen und finanziellen Ressourcen sind bei solchen Dimensionen begrenzt", pflichtet ihr Mann ihr bei, „da die Denkmalerhaltung kaum mehr mit öffentlichen Zuschüssen unterstützt wird, müssen wir Prioritäten setzen – und die liegen selten in der Anschaffung eines neuen Sofas." Am liebsten versammelt sich die Familie auf dem West-Balkon, bevor die Sonne hinter den alten Bäumen verschwindet. Kurz ist die Pause, denn die Gäste bellen um Aufmerksamkeit. „Zeit für Sport und Spiel, anschließend Abendessen und Drinks." Der Prinz eilt zu seinen Hundekunden. Hier ist der Gast wirklich König.

Oben Darf ich bitten? Nikolaus von Ratibor ist der Sohn eines Tierarztes und selbst mit Leonbergern aufgewachsen. „Ich weiß aus eigener Erfahrung, wie zuverlässig sie sind." Seine zehnjährige Tochter Marie-Louise trainiert bereits mit ihren schwergewichtigen Tanzpartnern in der Hundeschule.

Rechts Die französische Bulldogge Ali Baba wohnt nebenan und kommt oft zu Besuch. Aus der Ratibor'schen Zucht gingen viele Weltsieger hervor.

Rechte Seite oben Auf der Westterrasse trifft sich die Familie zum Sonnenuntergang. Der Stil des Hauses ist unprätentiös und gemütlich, gewachsen in vielen Jahrhunderten. „Wir müssen das Rad nicht neu erfinden."

Warum *Leonberger* wie Zamira, Aldonna und Imola?

- Sie sind sehr wachsam, aber nicht aggressiv und sehr höflich zu den Gasthunden
- Sie sind leicht erziehbar und immer berechenbar in ihren Reaktionen gegenüber Hund und Mensch
- Kinderliebe gehört zur ihrer genetischen Grundausstattung
- Sie haben eine beruhigende Wirkung auf die ganze Familie
- Sie sind große Schwimmer, das gefällt den Kindern

Ohne Hund *geht gar nicht* Helga Pferschy und ihre vierpfotigen Schatten

Seite 112 oben Klare Statur und kunstvolle Verschalung. Das Ehepaar Pferschy hat aus dem 1946 erbauten Hof ein zeitgemäßes Refugium gemacht, ohne seine starken Wurzeln zu verletzen.

Seite 112 unten Wer braucht Türen? Küche und Esszimmer sind durch einen Kamin miteinander verbunden und voneinander getrennt.

Seite 113 Schweißhunde werden nur an Jäger abgegeben. Helga Pferschy besitzt einen Jagdschein und hat ihren Hund jagdlich abgerichtet, schießt aber nicht.

Rechte Seite „Bloß nicht ländlich“, so wünschten sich die Kinder ihr neues Zuhause. Schlicht und ernst wirkt die Einrichtung und sogar Hirschgeweihe sind schick, wenn sie als Tischdekoration verfremdet werden.

Im Schlafzimmer liegt ein weicher, weißer Teppich. „Sonderwunsch meines Mannes“, sagt Helga Pferschy, „schön, aber nicht besonders praktisch“.
Denn für die beiden Haushunde Oskar und Ecco gibt es keine Tabuzonen, sie folgen ihrer Herrin auf Schritt und Tritt und über den weißen Teppich bis ins Bett. „Sie kuscheln und schmusen halt gern. Und wer Hunde hat, sollte die Dinge nicht so eng sehen. So ein Zusammenleben ist nichts für pingelige Putzteufel.“ Auf dem Balkon können die Hunde ihre Köpfe durch das handgeschnitzte Geländer stecken und in eine oberbayerische Bilderbuchlandschaft mit überzuckerten Bergen, satten Wiesen und glücklichen Kühen schauen. „Ich wollte immer aufs Land“, sagt Helga Pferschy, „und 2005 haben wir uns endlich dafür entschieden.“

„Zwei Hunde sind sozialer, weniger aggressiv als einer allein“

Drei Jahre dauerte es, bis aus dem ehemaligen Hummel-Hof am Ortsrand von Dietramszell die kleinteiligen Räume und verschachtelten Ebenen verschwunden, Wände eliminiert und Durchbrüche geschaffen waren. Verantwortlich für die sensible Entkernung war von Anfang an Helgas Ehemann, der Architekt Alexander Pferschy.
Den klassischen Zapfenverschalungen auf Balkon und Außenfassade und den alten bleiverglasten Fenstern ist das behutsame Lifting gut bekommen: sie wirken jünger und kraftvoller denn je. Drei Innenarchitekten haben sich „die Zähne ausgebissen“, bevor Helga Pferschy ihre Visionen vom Innenausbau des Hauses schließlich selbst verwirklicht hat. Lichtdurchflutete Räume und großzügige Perspektiven, viel Holz und wenig Farbe prägen nun das Erscheinungsbild. Und überall platzierte Hundebetten, große, gemütliche Lager für verträumte Stunden. Ecco und sein bester Freund Oskar, ein griechischer Findlingshund aus dem Tierheim, sind ein Herz und eine Seele, teilen alles vom Fressnapf bis zum Frauchen. „Zwei Hunde sind sozialer, weniger aggressiv als einer allein“, meint Helga Pferschy, „vorausgesetzt, sie können sich gut riechen.“ Deshalb hat sie den erstgeborenen Oskar den Welpen aussuchen lassen. „Er ist gleich auf Ecco zugegangen. Und wir haben seinem Instinkt vertraut.“ Eine innige Liebe verbindet die beiden seit dem Tag eins ihrer Bekanntschaft. Was Hunde zu geben haben – Treue, Vertrauen, Liebe, Sensibilität – verlangt Feedback vom dazugehörigen Menschen. „Ich richte mich nach meinen Hunden, ihrem

LUXURY HOTELS
AFRICA

Bewegungsdrang und ihrem Ruhebedürfnis. Und wenn einer krank ist, bleibe ich zu Hause. Ich habe keine Hunde, um sie alleinzulassen", sagt Helga Pferschy. Ihretwegen hat sie auf Steinböden verzichtet, „sie liegen ungern auf kalten Materialien", und wegen der Hunde geht sie bei jedem Schmuddelwetter an die frische Luft: „Da darf man nicht egoistisch denken." Wer jedoch glaubt, Helga Pferschy lasse sich von ihnen auf der Nase herumtanzen, irrt. Eine fein ausgearbeitete Hausordnung regelt das Zusammenleben. So dürfen die Hunde nicht im Pool schwimmen, nicht bei Tisch betteln, nicht unaufgefordert aufs Sofa springen – und vor allem nicht aus dem Haus laufen: herumgeschnüffelt und „Zeitung gelesen" wird nur in Begleitung zweibeiniger Erwachsener. Dass Picasso, ein prachtvoller schwarzer Wallach, ebenfalls zur Familie gehört, kann den Hunden nur recht sein. Wenn Helga Pferschy die Reitstiefel anzieht und die Leinen aus der Garderobe holt, ist Partytime in Sicht und die Hunde tänzeln um sie herum wie aufgeregte Debütanten. „Im Stall treffen sie ihre Freunde und spielen miteinander, während ich in der Halle reite." Und tatsächlich rasen mindestens fünf große, kleine, wuschelige, schwarze und gepunktete Exemplare auf Oskar und Ecco zu, kaum sind sie aus dem Auto gesprungen. „Ich sehe sie jetzt zwei Stunden nicht mehr", lacht die passionierte Tierfreundin, und es ist klar, wie wichtig sie soziale Kontakte unter Gleichartigen findet, ohne dass der Mensch sich einmischt.
Mensch und Tier leben bei Pferschys im Einklang. Keiner muss der Boss sein, weil jeder die Rolle des anderen respektiert. Dominanz ist hier kein Thema, man versteht einander ohne laute Worte, ohne Zähnezeigen und Knurren. „Ich bin für sie da und sie für mich. So einfach ist das." Als Helga Pferschy nach Hause kommt und sich aufs Sofa setzt, liegen ihre beiden seidenweichen Schatten sogleich neben ihr. „Gemütlich, oder?"

Oben „Mit den Hunden fühle ich mich sicher und beschützt. Umgekehrt können sich auch die Hunde total auf mich verlassen."

Rechs Der kleine Mischlingsrüde Oskar kam mit 15 Monaten aus einer griechischen Vermittlung. Nach anfänglicher Vorsicht hat er seine Scheu abgelegt und teilt Tisch, Bett und Zuneigung mit seinem besten Freund.

Rechte Seite oben Durch die kunstvollen Zapfenverschalungen auf dem Balkon passt ganz genau ein mittelgroßer Hundekopf. Man will ja schließlich den Überblick behalten.

Warum *zwei Hunde* wie Ecco und Oskar?

- Sie vermitteln Fröhlichkeit, geben mir ein gutes Lebensgefühl
- Wir spielen und toben gemeinsam, wir lachen zusammen und freuen uns übereinander
- Ich bin oft allein – sie beschützen und bewachen mich
- Sie freuen sich jedesmal, wenn wir uns wiedersehen
- Sie fühlen mit mir, sie verstehen mich in den unterschiedlichsten Situationen

Die Patin
Agnieszka Draabe und ihre Schützlinge

ERIC CLAPTON

Mad Max streift durch den 9 Hektar großen Park und checkt die Lage. Er hat einen bulligen Schädel und muskulöse Beine und sein Nacken ist so breit wie Vitali Klitschkos Oberschenkel.
Er reckt seine platte Nase in die Luft und trabt auf uns zu. Was plant eine einsame Continental-Bulldogge, die auf zwei fremde Frauen im eigenen Territorium trifft? Wer weiß das schon. Wir bleiben stoisch im Auto sitzen. Mad Max legt seine Vorderbeine auf die Kühlerhaube und grinst uns an. Die Lachfalten um seine Augen werden tiefer, sein Hintern wackelt vor Freude. „Na los, kommt schon, ihr Feiglinge", scheint er uns aufzufordern. Seine Herrin Agnieszka Draabe schubst ihn vom Fenster weg.

„Alle haben Respekt vor ihrem Alter."

„Keine Sorge, er haut öfter ab und hat gern mal seine Ruhe", sagt sie lachend. Wir verstehen, warum. Denn hinter der Initiatorin der Tierschutz-Organisation Canis Gratia strömen seine zwölf entfernt verwandten Artgenossen aus der Tür und die Party kann beginnen. Miss Piggy, ein French Bully, schleppt ihre Quietscheente an, die beiden Bordeaux-Doggen Forest und Maddox schnüffeln am Stativ, die einäugige Border-Collie-Dame Sonja legt ihren Kopf auf mein Knie; die imposanten Schäferhundgeschwister Lara und Vincent zeigen uns ihre Lieblingsbälle, die Chihuahuas Iduna und Titus kläffen ein bisschen, Gismo, der blitzgescheite Affenpinscher, zeigt den Weg ins Haus. Und last but not least nähert sich die siebzehnjährige Schäferhündin Tara. Sie trägt

Seite 120 Jeder der 13 Hunde hat seinen direkten tierischen Vorgesetzten. Doch wenn die menschliche Rudelführerin „Ruhe" ruft, halten alle das Maul. Die Urnen auf dem Kamin erinnern an die Verstorbenen.

Seite 121 Mit den Hunden auf dem Sofa kuscheln und spielen ist für die passionierte Tierfreundin das Schönste. Wenn sie keine Zeit hat, sorgen drei Angestellte für das leibliche und seelische Wohl ihrer Schützlinge. Sie müssen beim Einstellungsgespräch versichern, dass sie nichts gegen Hunde im Bett haben.

Diese Seite „Intelligente Hunde sind toll, aber anstrengend. Ich habe ganz gern Hunde, die nicht so schlau sind."

Rechte Seite Das große Fressen. Zweimal wöchentlich bekommen alle Hunde ein riesiges Steak – egal, wie groß sie selber sind. Wer zuerst fertig ist, guckt den anderen zu. „Hier gibt es keinen Futterneid."

rutschfeste Schuhe und ihr Rücken hängt durch, doch „alle haben Respekt vor ihrem Alter und lassen zu, dass sie ihre Poleposition behält", sagt Agnieszka Draabe, die wahre Königin des Rudels.
Die burschikose, zierliche Frau eines Hamburger Schifffahrtsunternehmers könnte aus einem Charles-Dickens-Roman entsprungen sein, wie sie da übermütig im Garten herumtollt und zwischendurch „Cisza" ruft, wenn es zu laut wird, oder ihre Hunde zärtlich mit „Chod" zu sich lockt. „Die Hunde sind zweisprachig erzogen", sagt sie, „die polnischen Zischlaute sind aber wirksamer." 1988 kam sie mit ihrer Mutter nach Deutschland und keine Sekunde haben sie seitdem die katastrophalen Verhältnisse kalt gelassen, unter denen Hunde in ihrem Heimatland Polen leiden müssen. „Sie werden massenweise in ungeheizten Kellern gezüchtet und niemand denkt daran, sie zu kastrieren. Das verstehen die Polen unter Tierliebe." Zehn Jahre lang holte sie die einbeinigen, blinden, kranken und „sympathischsten" Kreaturen aus ihrem Elend. Heute betreibt und finanziert sie eine private Quarantänestation im Nachbarhaus und überlässt die Vermittlung dem Hamburger Franziskustierheim. „Ich habe es nicht mehr ausgehalten, wie Gott durch die Gefängnisse zu laufen und zu entscheiden, wer gerettet wird, und wer nicht." Die meisten ihrer 13 Hunde haben Glück gehabt, auch sie waren einmal verloren und vergessen. „Zu solchen Hunden baut man ein besonderes Verhältnis auf", meint Agnieszka Draabe, „ich bin meinem Mann so dankbar, dass ich dieses Zuhause für sie schaffen durfte." Mit 17 Jahren lernte sie ihn bei Freunden kennen, 5 Jahre später wurde geheiratet. Ihr Mann ist 22 Jahre älter als sie und hat ihre Hundepassion stets toleriert. „Er liebt Hunde. Aber auf die Dauer wurden es ein bisschen viele in der Stadtwohnung." So pendelt Agnieszka nun zwischen Hamburg und dem prachtvollen Hundedomizil in der Lüneburger Heide hin und her und alle sind zufrieden.
Affenpinscher Gismo erwartet uns bereits in der Eingangshalle seines großformatigen Zuhauses. 13 elegante Hundebetten reihen sich aneinander, 13 schicke Lederleinen hängen am Haken, und 13 dicke Koteletts liegen für 13 hungrige Mäuler auf dem Küchentisch. „Ich will, dass meine Freunde glücklich sind", sagt ihr Schutzengel. Dass 13 Hunde nicht einfach so mitlaufen im Leben einer anspruchsvollen Frau, ist klar. Drei Angestellte kümmern sich um ihr alltägliches Wohlergehen, im Nachbarhaus gibt es eine eigene Hundeküche und ein „Fresszimmer", in dem das Frühstück serviert wird. Die Böden sind pflegeleicht, die Sofas aus Leder oder mit dunklen Stoffen bezogen, die Atmosphäre ist maskulin.

Für zimperliche Kleinigkeiten ist hier kein Platz. Und andauernd wird gesaugt und gewaschen und gewischt. „Ich habe alles so eingerichtet, dass wir locker bleiben können", sagt die Haus- und Hundeherrin.
Am Abend schnarchen und schnorcheln alle gemeinsam auf dem riesigen Sofa vor dem Fernseher. Pfoten und Nasen liegen kreuz und quer über Agnieszkas Schoß, auf dem Kissen neben ihrem Kopf ruht ihr geheimer Liebling Titus, den sie lange vor dem von Paris Hilton ausgelösten Chihuahua-Hype ausgesucht hat. Nur Gasthund Sophie, eine englische Bulldogge mit ausgeleierten Gelenken, Überbiss und heraushängender Zunge, steht ein wenig abseits. „Ich versteh' nicht, dass sie noch nicht vermittelt werden konnte", sagt Agnieszka und streichelt ihr über die Hängebacken. Na ja, sie ist furchtbar hässlich ... Agnieszka Draabe schaut mich streng an. „Sophie ist gesund. Und sie hat Charakter. Das ist besser als jung, schön und dumm zu sein."

Alle Bilder Die Plattnasen oben haben das Glück, bei ihrem Schutzengel bleiben zu dürfen. Nur die Bulldogge Sophie sucht noch ein Zuhause.

Warum 13 Hunde wie *Schäferhund, Chihuahua, Affenpinscher, French Bully, Continental-Bulldogge* und *Bordeaux-Dogge?*

- Ich liebe alle Hunde. Ganz besonders Plattnasen
- Mit ihnen zu kuscheln ist die schönste Entspannung
- Sie geben mir positive Energien und Geborgenheit
- Sie sind meine Freunde, ich vermisse ihre Gesellschaft
- Sie nerven mich nie – außer sie kläffen
- Hunde haben mich mein Leben lang beglückt und begleitet

Die große Freiheit
Drehpause
bei Horst und Eva Kummeth

Seit Oktober 2007 kommt der fränkische Apotheker Roland Bamberger pünktlich jeden Abend in die Wohnzimmer von über 600 000 Fernsehzuschauern, ein kleinkarierter, bindungsunfähiger Vereinsmeier, der Tag und Nacht Fahrrad fährt.

„Es macht besonderen Spaß, so einen pedantischen Besserwisser darzustellen, der das totale Gegenteil von mir selbst ist. Das ist wie Indianer spielen", sagt Horst Kummeth. Über 600 Mal hat er den Wichtigtuer aus der ersten bayerischen Daily Soap „Dahoam is Dahoam" bisher verkörpert – und kein Ende ist in Sicht. Färbt so eine enge Bindung an eine fiktive Figur nicht irgendwann ab? Horst Kummeth lacht mit seinem jungenhaften Charme, der ihn zu einem der beliebtesten deutschen Seriendarsteller gemacht hat. „Nelly und Lö, was meint ihr, werde ich langsam unausstehlich?" Nelly, die fünfjährige Rauhhaardackel-Dame, schaut verliebt und die Zwergpinscherin Lö rollt sich auf Horst Kummeths Schoß zusammen.

„Das Gekläffe macht ihr so eine Freude."

„Glück gehabt. Ich scheine noch der Alte zu sein." Mit dem typischen Dackel-Sturkopf hat er sich ebenso angefreundet wie mit der Pinscher-Vorliebe, jedes herunterfallende Blatt lautstark zu kommentieren. „Das Gekläffe macht ihr so eine Freude. Und Dackel wurden schließlich dazu gezüchtet, im Fuchsbau eigene Entscheidungen zu treffen. Sie müssen bis zu einem gewissen Grad beratungsresistent sein." „Steh!" ist das einzige Kommando, dem die Hunde blind und wie aus der Pistole geschossen gehorchen müssen. „Das ist für Stadthunde überlebenswichtig. Ansonsten brauchen sie sich bei

Oben „Hol mal den Hasi!" Herr und Hund haben gleichermaßen Spaß am Spiel und trainieren stundenlang, „bis einer der Hunde den Eierkarton endlich aufkriegt." Dackel Nelly lernt schneller, Zwergpinscher Lö „mogelt sich so durch". Leider räumen die Hunde ihre Spielsachen nie selbst wieder weg.

Rechts So ganz nebenbei lenkt ein blühender Zweig die Blicke auf sich. Inszenierte Effekte sucht man bei dem kreativen Paar umsonst.

Rechte Seite „Warum sollte man Hunde zu etwas zwingen, das sie nicht wollen. Vielleicht tun sie es eine Stunde später freiwillig." Sie vor Gefahren zu schützen, ist für Horst und Eva Kummeth die einzige Rechtfertigung für menschliche Dominanz.

uns nicht unterzuordnen. Hunde sind keine Wölfe mehr und wir keine Diktatoren." „Leben und leben lassen", könnte als Motto über der Tür des hellen Hauses am Münchner Stadtrand stehen, und so ist es nicht verwunderlich, dass Horst und Eva Kummeth seit über 30 Jahren glücklich verheiratet sind und gemeinsam über 80 Drehbücher geschrieben haben, darunter so ein beziehungsreiches wie *Mein Nachbar, sein Dackel und ich* mit Günther Maria Halmer und Ann-Kathrin Kramer in den Hauptrollen. Haben Nelly und Lö auch schauspielerische Qualitäten? „Nelly ist ein Naturtalent. Manchmal hinkt sie, als ob sie einen Bauchschuss erhalten hätte. Und dann finde ich mit der Lupe ein winziges Krümelchen in ihrer Pfote. Wenn es nieselt, ist sie plötzlich über Nacht taub und lahm geworden und hat vergessen, wo die Leine ist. Das kriegt kein Hollywood-Star besser hin." Die Schublade mit der Leine zu öffnen, gehört – bei gutem Wetter – zu Nellys leichtesten Übungen. Anspruchsvoller wird es, wenn Horst Kummeth sie beauftragt, den „Joschka" zu holen. Denn die abgekaute Figur unseres ehemaligen Außenministers liegt unter einer Vielzahl von anderen tragbaren Objekten begraben im Regal. „Sie hat sich noch nie vertan und aus Versehen das Hasi oder den Iwan angebracht. Sie kann mindestens 20 Spielsachen unterscheiden."

„Wir können in viele Rollen hineinschlüpfen, ohne uns zu verbiegen."

Mit Hunden zum Kind zu werden und miteinander Spaß zu haben, ist für Horst und Eva Kummeth wichtiger als „hundefeindliche" Weltreisen. Und ein enges Familienleben mit den erwachsenen Töchtern Sarah und Sophie und ihren Enkelkindern ist ihnen mehr wert als Glamour und rote Teppiche. Trotzdem gehören die beiden zu den begehrtesten Drehbuch-Autoren und Hunderte von Fans erscheinen regelmä-

Warum *Dackel* und *Prager Rattler* wie Nelly und Lö?

- Lö ist Nellys Hund. Sie hat sich halt auch einen gewünscht
- Wegen Lö und Nelly sind wir Vegetarier geworden. Uns haben die Tiere plötzlich so leid getan. Bei uns fressen nur die Hunde Fleisch
- Sie spüren jede Stimmung. Sie trösten uns oder freuen sich mit uns
- Wegen ihnen fliegen wir nicht mehr nach Amerika
  Wir fahren lieber an den Hundestrand nach Sylt

ßig zu Horst Kummeths Autogrammstunde. „Wir können in viele Rollen hineinschlüpfen, ohne uns zu verbiegen, vielleicht ist das das Geheimnis." Nach langen Drehtagen schöpft der Schauspieler am liebsten bei klassischer Musik neue Kräfte. „Es ist seltsam", sagt er, „Mahler oder Tschaikowsky lassen Nelly völlig kalt, aber wenn ich Wagner höre, schmilzt sie dahin." Und was macht Lö? „Sie schaut aus dem Fenster und passt auf, dass uns keiner stört."

Linke Seite außen „Manchmal lerne ich jemanden kennen, der mir nicht besonders sympathisch ist. Und dann holt derjenige einen Hund aus dem Auto und sofort ändert sich meine Haltung."

Linke Seite innen „Unser Haus hat viele Fenster und ist sehr offen. Die Gäste bleiben immer lang." Eva und Horst Kummeth sind seit über 30 Jahren verheiratet und gehören gemeinsam zu den erfolgreichsten deutschen Drehbuchautoren.

Think big!
Der sanfte Riese
und seine Comtesse

„Ich habe zuerst den Hund gehabt und dann die Einrichtung auf ihn abgestimmt“, lacht Gräfin Charlotte von Bismarck.

Sie verschwindet fast hinter Oskar, ihrer 80 Kilogramm schweren Dogge, und ihre Hand wirkt winzig auf seinem gigantischen grauen Kopf. Grau in unendlich vielen Schattierungen, mal heller, mal dunkler, mal kühler, mal wärmer, zieht sich von den Böden, Bädern, Türen und Treppen ihres Hauses bis ins kleinste Gästezimmer unter dem Dach. „Ich liebe ästhetische Gesamtkonzepte“, erklärt die Interior Designerin mit schwedischen Wurzeln, „ich brauche nicht an jeder Ecke eine Überraschung.“

Dass die Räume trotzdem nicht eintönig wirken, liegt an ungewöhnlichen Materialien – beispielsweise dem Sofa aus Pannesamt, Lampenschirmen aus Perlhuhnfederchen, mit Elchfell bezogenen Sesseln – und an Eigenkreationen wie einem mobilen Schrank auf Rädern oder einer raffiniert vorgetäuschten Bücherwand, hinter der sich der Fernseher verbirgt. „Wir schauen gern gemeinsam Tierfilme“, sagt die Hundefreundin. Dann liegt Oskar nicht etwa neben ihr auf dem Sofa, er sitzt wie ein Mensch mit dem Hintern auf der Sitzfläche, und seine langen Vorderbeine stehen ordentlich nebeneinander auf dem Teppich, während er das Geschehen verfolgt – „ihm entgeht nichts“. Den Platz auf Charlottes Schoß beansprucht seit fünf Monaten Tess. Comtesse mit vollem Namen, oder „Komm, Tess!“, ein „Kind der Liebe zwischen einer Retriever-Mutter und einem Seeräuber aus Istrien“, wie sie präzisiert. Auch Tess passt in die Farbpalette, ist als Schwarz-Weiß-Mischung sozusagen die Basis sämtli-

Seite 134 Gräfin Charlotte von Bismarck stammt aus Schweden und graue Winter können ihr nichts anhaben. Nur Oskar braucht für seine verstauchte Pfote einen maßgeschneiderten XXL-Schneeschuh, wenn's nach draußen geht.

Seite 135 Konsequenz ist das Schlüsselwort, wenn Charlotte von Bismarck ihren Einrichtungsstil beschreibt. Sie mischt Blumen-, Streifen- und Karostoffe, bleibt dabei aber immer „Ton in Ton“.

Oben Andreas von Bismarcks Urgroßvater Fürst Otto schaut wohlwollend von der Wand herab auf das aktuelle Gruppenbild mit Dogge und „Findelkind“. Auch er war ein großer Hundefreund.

Rechts Oskar geht stets als Erster ins Zimmer und sichert die Lage für seine geliebte Herrin. „Das gibt mir ein gutes Gefühl.“ Wenn die Luft rein ist, entspannt er sich und streckt die meterlangen Pfoten von sich.

Rechte Seite Typisch schwedisch: bemaltes Holz und harmonische Farbigkeit im Treppenhaus. Das Innere des Bauernhofs in der Nähe von Salzburg wurde beim Einzug vor drei Jahren vollständig entkernt.

cher nur denkbaren Grautöne. Doch natürlich sind Hunde bei Bismarcks weit mehr als lebendige Gestaltungselemente: „Sie sind Familienmitglieder", sagt Graf Andreas von Bismarck. So sah das auch sein Urgroßvater, Otto Fürst von Bismarck, der die nach ihm benannten „Bismarck-Blues" züchtete und liebte, von denen auch Oskar indirekt abstammt.

„Er ist der Boss."

„Ich habe große Hochachtung vor der Menschenkenntnis meines Hundes, er ist schneller und gründlicher als ich", soll der „Eiserne Kanzler" gesagt haben, nachdem seine Dogge Tyris beim Berliner Kongress 1878 dem russischen Außenminister die Hose zerfetzt hatte. Auch bei Fürst Ottos Nachfahren werden tierische Instinkte ernst genommen: „Oskar befolgt nur vernünftige Befehle", und „dreimal täglich erklärt er dem zuständigen Spaziergeher, wie viel Uhr es ist." Dominanzprobleme? „Gibt es nicht. Er ist der Boss."
Vor drei Jahren sind Charlotte und Andreas von Bismarck in die Nähe von Salzburg gezogen und haben das lichtdurchflutete „Open House" für ihre Familie und Freunde geschaffen. So kann ihr Schwiegersohn Karl Theodor zu Guttenberg hier ebenso neue Kräfte tanken wie erschöpfte Festspielbesucher oder müde Enkelkinder. Gemütliche Gästezimmer mit flauschigen Kissen, opulent dekorierten Himmelbetten und dicken, doppelt und dreifach gefütterten Vorhängen laden ein, sich einmal so richtig auszuschlafen. „Stoffe sind meine Leidenschaft", sagt Charlotte von Bismarck, die ihren Einrichtungsstil als skandinavisch-italienisch-belgisch beschreibt. „Ich nehme gern von allem das Beste", lacht sie.
Oskar und Comtesse haben sich auf ihr gemeinsames Lager verzogen. Die kleine Comtesse liegt an der XXL-Flanke ihres fünfjährigen Freundes und hat ihre traurige Vergangenheit als „Wegwerfware" schon fast vergessen. Charlotte von Bismarck engagiert sich in Istrien für Hunde wie ihresgleichen – oft sind es ausrangierte Trüffelhunde – und verhandelt zurzeit mit dem Präsidenten um die Gründung eines Tierasyls. Sobald die Sonne herauskommt, wird Oskar die kleine Hündin wecken und mit auf die Terrasse nehmen. „Er ist schon ganz grau vom ewigen Sonnenbaden." Tatsächlich: grauer geht's nicht. Doch wer genau hinschaut, entdeckt die eleganten Schattierungen und feinen Nuancen, die nur ein höchst sensibler Designer erschaffen konnte.

Oben Mehr ist mehr. Wenn sich eine einzige Idee – wie hier der Toile de Jouy mit seinem charakteristischen chinoisen Dessin – vom Bett bis zur Decke zieht, bekommt auch das kleinste Zimmer unter dem Dach eine starke Präsenz.

Links Natürliche Materialien sind Charlotte von Bismarcks Leidenschaft und sie plant fein aufeinander abgestimmte Akzente bis ins letzte Detail.

Linke Seite Grau ist wohl die raffinierteste aller Schattierungen. Nach einer „Gelbphase" hat die Interior Designerin sich von der Natur vor ihrer Tür inspirieren lassen.

Oben Wer mit Hunden wohnt, hat meistens auch ein „Open House". Bei Bismarcks ist das ganze Jahr über Hochsaison.

Rechts Einige ausgewählte Erinnerungsstücke bekommen einen Ehrenplatz. Ansonsten herrscht elegante Zurückhaltung.

Rechte Seite Oskar fährt ungern Auto und wiegt 80 Kilo. „Ich muss ihn nicht überallhin mitschleppen. Er bevorzugt ein geregeltes Leben." Am meisten genießt er es, Tierfilme anzuschauen.

Warum eine *Dogge* wie Oskar?

- Seine Freundlichkeit und Anhänglichkeit sind überwältigend – das ist durchaus wörtlich zu verstehen
- Seine Nähe wirkt beruhigend
- Er hat ein Fell wie Samt und Seide
- Er ist großzügig und verzeiht alles
- In seinem großen Kopf ist viel Platz für Intelligenz und Sensibilität

Auf Tournee
Katerina Jacob und ihr fahrendes Hunde-Volk

Engagements nimmt Katerina Jacob ernst, egal, welche Rolle ihr „zufällig“ über den Weg läuft: die der Kabarettistin, der Theater- und Filmschauspielerin, der Synchronsprecherin, der Malerin, der Turnier-Westernreiterin – oder der Hundefreundin und Tierschützerin.
„Ich suche nie nach etwas, ich werde zufällig entdeckt“, sagt sie. Zum Beispiel von Heidi Geneé für die Hauptrolle der mit einem Bambi gekrönten Fontane-Verfilmung *Grete Minde*; von Schauspielkolleginnen wie Elizabeth Hurley und Emma Thompson als „deutsche Stimme“; von mehr als 120 erfolgreichen Krimiregisseuren und Komödienschreibern – und von Fips, dem Ratero Mallorquin, Buddy, dem Cocker-Labrador-Mischling und Tante Frieda, einer weißen Wessie-Pudeldame. „Nie wollte ich Rüden, und keinesfalls weiße Hunde. Und was habe ich? Beides.“ Bei Gastspielen sitzen die beiden „Jungs“ nun in der Garderobe, bis der letzte Vorhang gefallen ist, und während wochenlanger Dreharbeiten warten sie geduldig im Wohnwagen. „Tante Frieda ist schon siebzehn und darf sich die Resultate zu Hause mit einer Dogsitterin im Fernsehen anschauen.“
Nähert man sich dem Kraftfeld der Powerkünstlerin in ihrem Haus am Starnberger See, kommt einem sofort der Spruch des Malers Francis Picabia in den Sinn: „Der Kopf ist rund, damit die Gedanken die Richtung ändern können.“ Auf „typisch deutsches“ Schubladendenken kann sie schimpfen wie ein Rohrspatz, auf enge Grenzen, die ihr während ihres Studiums an der Kunstakademie gesetzt wurden, pfeift sie ebenso: „Statt eines Fisches habe ich lieber die Gräten gemalt. Das war's dann erstmal.“ Inzwischen hat die zwischen Deutschland und Kanada hin und her pendelnde Allrounderin ihre Karriere als Malerin in Kanada wieder aufgenommen. „Über Schauspieler, die malen, Maler, die singen, und Musiker, die schreiben, rümpft dort niemand die Nase.“

„Ich will meine Meinung sagen können.“

Was Katerina Jacob anpackt, das formt sie nach ihren Vorstellungen, ohne sich in den Vordergrund zu spielen. Ihr unkompliziertes Haus beispielsweise, aus dem sie alles, was rosa und geblümt war, verbannt hat. „Ich hasse Wohnungen, wo man das Gefühl hat, in einen Spiegel der Eitelkeiten zu blicken oder die Schuhe ausziehen zu müssen.“ Und weil ihr das Zusammensein mit ihren Hunden so wichtig ist, sind die Sofas mit abwaschbarem Leder bezogen, die vermeintlichen Terrakotta-Fliesen aus Plastik und der Garten ein verwildertes Stück Freiheit.

Seiten 144–145 „Uneitel“ ist Katerina Jacobs Wohn- und Lebensstil. Am großen Esstisch wird geredet und gelacht, die Sofas sind strapazierfähig und meistens von Hunden besetzt. „Ich kann auch anderen die Show gönnen.“

Oben Dass die beliebte Schauspielerin zur Ehrenkommissarin der Kriminalpolizei ernannt wurde, verdankt sie unter anderem ihrer Rolle als Sabrina in „Der Bulle von Tölz“. „Ich darf Polizisten ‚Kollegen' nennen und mitstreiken.“

Rechte Seite Tante Frieda hat zwar bei einer Tumoroperation ein Auge verloren, ist aber ansonsten topfit. Die Tierfreundin hat den kleinen Mischling vor 17 Jahren aus einer Mülltonne gerettet und legt allen, die helfen wollen, Leidensgenossen aus Südeuropa ans Herz. „Sie sind meist sehr sozial.“

Aufgewachsen in einem typischen Künstlerhaushalt „mit lauter Verrückten" und anschließender Ausbildung bei Lee Strasberg in Los Angeles hat Katerina Jacob schon früh verinnerlicht, auf was es ihr ankommt. „Ich will meine Meinung sagen können und nichts Dämliches machen." Sie ist bereit, stundenlang barfuß im Schnee vor der Kamera zu stehen und sich eine Glatze schneiden zu lassen, wenn es der Geschichte dient. Und was Billy Wilder einmal über eine Kollegin gesagt hat, wird von ihr niemand behaupten können: „Mit Marilyn Monroe zu drehen ist wie mit Lassie drehen. 50 Einstellungen und nur eine einzige ist brauchbar." Gemeinsam mit ihrer Mutter Ellen Schwiers betreibt Katerina Jacob seit vielen Jahren das Tourneetheater „Das Ensemble." In der Neuinszenierung der Komödie „Altweiberfrühling", die von Januar bis April 2012 auf Tournee geht, wird sie Regie führen und ihrer berühmten Mutter sagen, wo's langgeht. Ihre „Jungs" werden unterdessen im Wohnwagen sitzen und ihr Alphaweibchen anhimmeln. Eigentlich wollte Katerina Jacob ja einmal Tierpflegerin werden. Wer weiß, vielleicht beschert sie Fips, Buddy und Tante Frieda „zufälligerweise" noch ganz neue Engagements.

Oben Erinnerung an einen Auftritt? Liebeserklärung? Überbleibsel eines Bouquets? Wer weiß. Auf jeden Fall spielen die Rosen eine Rolle im entspannten Ambiente.

Rechts Der Nachbar-Labrador Charlie Brown ruht sich auf einem kostbaren persischen Teppich aus. Mit Hund wirkt das ungewöhnliche Muster noch lebendiger, als es sowieso schon ist.

Rechte Seite oben Was wertvoll und wichtig ist, bestimmt Katerina Jacob selbst. Wer das unbequem findet, ist selbst schuld.

Warum *drei Hunde* wie Tante Frieda, Fips und Buddy

- Eigentlich Zufall. Ich habe keinen der Hunde vorher gesehen, sie sind mir vor die Füße gepurzelt
- Alle stammen aus südländischen Tierheimen und sind als ehemalige Meutehunde extrem sozial
- Zweit- oder Dritthunde sollten altersmäßig einigermaßen zueinander passen
- Meine Hunde haben eine weiße Fahne eingebaut
- Meine Mutter Ellen Schwiers hat Malteser gezüchtet und wohnt auch heute noch mit vielen Hunden zusammen. Das prägt ...

Charmante Eyecatcher mit Herz und Humor

Kunsthandwerk

Erst einer, dann zwei, dann drei, dann vier ...

Eine Wohnung ohne Hund? Das schafft fast niemand. Wetten, dass sogar im Haushalt eines Hundemuffels irgendwo ein Exemplar zu finden ist? Vielleicht als Schlüsselanhänger? Oder als Türstopper, Briefkartenhalter, Eieruhr, Christbaumkugel oder Messerbänkchen? Solang es nicht fressen und spazieren gehen muss, ist ein elegantes oder lustiges Hundemodel mit seelenvollen Augen einfach unwiderstehlich für jedermann, und eine global agierende Industrie produziert unaufhörlich so absurde wie kunstvolle Fan-Artikel.

Auch wenn ein Schlappohr abgebrochen oder der Lack längst ab ist, werden Accessoires in Hundeform selten entsorgt. Nur ein Mensch mit einem Herzen aus Stein wirft ohne Gewissensbisse einen süßen Keramikwelpen mit drei Beinen in den Müll oder trennt sich freiwillig von einer niedlichen Hündchentasse ohne Henkel. Werden ordinäre Souvenirs schmerzlos verabschiedet, wenn ihre Zeit vorbei ist, so haben die charmanten Hundefiguren einen emotionalen Mehrwert und leben auf Kommoden und Schreibtischen weiter. Vielleicht sogar bis in alle Ewigkeit.

Oben Für Frühaufsteher: der spannendste Jagdgrund für Hunde-Devotionalien ist und bleibt der Flohmarkt.

Links Christbaumschmuck in Dackelform ist zu charmant, um nach Weihnachten in eine Kiste gepackt zu werden.

Linke Seite In fast jedem Haus findet sich eine Hommage an den vierpfotigen Mitbewohner – sei es als kostbares Unikat oder als liebenswerter Kitsch.

WECK

Sammel-Leidenschaft

Pfeifen, Aschenbecher, Dosen, Gemälde, Lampen – kaum ein Gebrauchsgegenstand, der sich nicht schon einmal der Hundeform bedient hätte. Elegante Windhunde eignen sich besonders gut als Vorbild, und natürlich Möpse mit ihrer für jeden Künstler unwiderstehlich originellen Ausstrahlung. England ist seit vielen Jahrhunderten das Dorado für kunsthandwerklich verewigte Hunde aller Art.

Oben Wer einen Dalmatiner hat, kann sich vor gepunkteten Mitbringseln meist kaum retten. Klassiker sind die liegenden Staffordshire-Exemplare mit lässig gekreuzten Beinen und einem Loch für den Füllfederhalter im Rücken.

Linke Seite oben Alles geht. Dose aus Eisen und Staffordshire-Figur, daneben ein Mops aus Pappmaché.

Linke Seite, links unten Ihre Hundeleidenschaft haben die Bayerischen Könige in Porzellan geformt. Seit Gründung der Nymphenburger Manufaktur im 18. Jahrhundert standen unzählige ihrer Lieblingshunde Modell.

Linke Seite, rechts unten Im 18. Jahrhundert widmeten sich die Porzellanmanufakturen Meißen und Nymphenburg mit Vorliebe der Mopsfigur. Der Maler und Grafiker Johannes Vennekamp konservierte den Lieblingshund der Aristokratie im Weckglas.

Den will ich!
Tipps für Sammler und Spender

- Als Einstimmung auf die unbegrenzte Vielfalt von Hundedarstellungen, -objekten und -skulpturen sei ein Besuch im europäischen Hundemuseum in Kloster Marienberg empfohlen. Es beherbergt die bedeutendsten Privatsammlungen Europas (www.kulturimkloster.at)
- Lohnend auch ein Besuch in den Porzellan-Manufakturen Nymphenburg und Meißen, die über ein großes Repertoire an Hundefiguren verschiedener Rassen verfügen
- Vier Qualitätsmerkmale machen eine Porzellan-Hundefigur wertvoll: 1. Modellage – die Figur muss echt und attraktiv aussehen; 2. Material – hartes Porzellan ist wertvoller als Steingut oder Keramik; 3. Seltenheit – einige Modelle werden nur in kleinen Auflagen hergestellt; 4. Rasse – die Nachfrage nach populären Rassen ist größer
- Wer die Dalmatinerfreundin oder den Mops-Freak beglücken will, sieht sich am besten im Internet um, dem größten Marktplatz für Hundedevotionalien aller Güte- und Gewichtsklassen

Accessoires zum Ausgehen

Leinen und Halsbänder

Identität en détail

Zeig mir dein Halsband und ich sage dir, wer du bist. Die ersten Diensthunde trugen speziell gekennzeichnete Modelle, die sie als Steuereintreiberhunde auswiesen, besonders raufllustige Jagdhunde schützten sich mit stacheligen Halsungen gegen wütende Keiler. Ein Hund mit applizierten Kühen auf dem Halsband gehört ursprünglich auf einen Schweizer Einödhof und ein Chihuahua mit Perlenkette immer noch zu Paris Hilton.

Schön bei Fuß gehen

Fashion-Victims drapieren Swarowski-Steine auf Krokoleder, um die verletzlichste Stelle ihres Lieblings zu betonen, in Seglerkreisen sind Leinen aus Tauen oder Leder-Zöpfe mit Bummelhaken populär. Manche Damen nehmen zur Hermes-Tasche noch schnell das passende Halsband mit, manche Herren bevorzugen maskulines Understatement und kaufen überhaupt nichts. (Es soll ja auch Hunde geben, die sich auf das Wort „Shoppen" hin tot stellen.)

Leinen, Halsbänder und Geschirre machen aus namenlosen Nobodys Supersportler und Gentledogs, Aristobitchs und Landladys. Auf jeden Fall unterstreichen sie Persönlichkeiten, die sowieso unverwechselbar sind.

Oben Der Halsbanddesigner hat nur wenige Quadratzentimeter für das einzig wahre Statement: „Ich bin der/die Schönste."

Links Immer richtig angezogen mit dem kleinen Schwarzen.

Linke Seite Leinen, Halsbänder und Geschirre sind grundsätzlich die einzig akzeptablen – weil sinnvollen – Hundeaccessoires (sieht man einmal von chinesischen Nackthunden ab, die im Winter tatsächlich nicht ohne Mantel vor die Tür gehen sollten).

Gassi, Gassi

Tipps für Spaziergänger

- Leder ist geruchsneutral und bei richtiger Pflege unverwüstlich. Ideal für empfindliches Fell
- Nylonhalsbänder sind erste Wahl für passionierte Schwimmer wie Retriever. Das Material wird allerdings irgendwann spröde und brüchig
- Mit einem robusten PVC-Kern stabilisiert, vereint Taumaterial die guten Eigenschaften von Leder und Nylon
- Einzigartige Halsbänder und Gürtel im Partnerlook gibt es beispielsweise bei Rita Budimir www.hundehalsband-budimir.de; der Spezialist für individualisierte Namens-Halsbänder ist www.the-royal-dog-and-cat.de; die schönsten Flechthalsbänder nach Maß macht www.dieflechtwerkstatt.de

Inseln der Ruhe für Tagträumer und Nachtschläfer

Lieblingsplätze

Wie man sich bettet, so liegt man

In Deutschland leben etwa fünf Millionen Hunde im Haus. Gehen wir davon aus, dass etwa die Hälfte ins menschliche Bett darf (ohne Dunkelziffer), bleibt ein Rest von zweieinhalb Millionen. Nehmen wir weiterhin an, dass wiederum die Hälfte nicht ins Bett darf, so bleiben immer noch mehr als eine Million Hunde übrig, die nicht ins Bett wollen. Haben diese Eigenbrötler und Steppenwölfe uns etwa nicht lieb? Keine Sorge. Wahrscheinlich ist ihnen einfach der Mensch zu breit, das Bett zu schmal oder die Matratze zu hart. Manufakturen und Grossisten halten für solche Individualisten verlockende Inseln der Ruhe bereit, fernab vom menschlichen Hin- und Hergewälze.
Um Enttäuschungen vorzubeugen, nehmen kluge Menschen den Hund mit zum Bettenkauf, auch wenn er bei Stylingfragen unbeteiligt aus dem Fenster schaut und gähnt. Sobald es ans Probeliegen geht, wird er seine dickfellige Haltung aufgeben und wichtige Hinweise auf die richtige Kaufentscheidung geben.

Oben Aufgewacht? Bloß nichts verpassen und die Eingangstür fest im Blick behalten.

Links Die Einzelbetten sind breit genug, um in kalten Winternächten auch zu zweit darin zu schlafen.

Linke Seite Gemütlicher geht's nicht, und wer schnell läuft, darf lange ruhen. Ein kleines Fell als Unterlage beschleunigt die Reise in den Tiefschlaf. Viele Hunde lieben es, sich aus Decken und Kissen ein eigenes Nest zu bauen.

Siesta-Zeit!
Tipps für die richtige Kaufentscheidung

- Dort, wo der Hund am liebsten sitzt, schläft er auch am besten
- Manche Hunde nehmen ihr Spielzeug oder ihren Knochen mit ins Bett und brauchen entsprechend mehr Platz
- Andere Hunde sitzen und liegen gern „oben“ und hassen kalte Füße. Sie freuen sich über einen erhöhten Hundeplatz
- Korb-Körbchen überleben das Welpenalter ihrer Bewohner selten. Praktischer sind Unterlagen, die keinen zu zerkauenden Widerstand bieten
- Weich, warm und waschbar – fertig ist das perfekte Hundelager

Alle Bilder Alles besetzt. So viele verschiedene Hunde es gibt, so viele unterschiedliche „Schlafmöbel“ werden angeboten. Am liebsten haben Hunde in jedem Zimmer ihren persönlichen Ruheplatz. Besonders geborgen fühlen sie sich mit einem eigenen „Dach“ über dem Kopf (links eine Hundehütte aus Stoff von The Royal Dog and Cat), oder im erhöhten Bettgestell nach historischem Vorbild (oben von Panker Design). Natürlich tut's auch eine einfache Decke, vor allem, wenn sie im menschlichen Schlafzimmer liegt.

Es ist angerichtet
Besser Fressen

Liebe geht durch den Magen

In der Küche eines Hundeliebhabers heißt es aufpassen und auf Stolperschüsseln achten. Hunde speisen nämlich nicht manierlich in der dafür vorgesehenen Essecke, sie schieben den Napf so lange vor sich her, bis auch noch der letzte, winzigste Krümel weggeschleckt ist. Meistens stellen sie ihre Bemühungen mitten auf dem Fußboden ein, oder, noch gemeiner, in der Schneise zwischen Herd und Geschirrschrank. Der Mensch kann sich dann aussuchen, ob er sich zuerst vor dem Verbrühen und danach vor herunterfallenden Tellern retten will oder umgekehrt. Besonders schwere Näpfe sind nur dann eine taugliche Lösung, wenn man stark oder jung genug ist, sie ohne Bandscheibenschäden zum Befüllen auf den Tisch zu hieven.

Alle Bilder Ein schöner, voll gefüllter Napf entzückt den hungrigen Hund. Doch sobald er leer ist, ist ihm die Optik völlig egal.

Natürlich kommt es beim „Besser Fressen" nicht nur auf die äußere Form an, sondern noch viel mehr auf den Inhalt. Verantwortungsvolle Ernährer wollen das Beste für ihren Liebling und haben die Qual der Wahl zwischen Hundeplätzchen mit Bio-Siegel, Spinat-Putenmenus aus der Dose und anderen Spitzfindigkeiten. Aus Hundekreisen wird allerdings der Ruf nach Selbstgekochtem immer lauter, viele Caniden wünschen sich gar die Rückkehr zu Rohkost und Fleischknochen.

Hunger!
Tipps für Ernährer und Ästheten

- Abwechslung im Napf hält Hunde bei Laune
- Was gut riecht, ist noch lange nicht gesund. Gut: ein hoher Fleischanteil; schlecht: Geflügelmehl, Zucker, Füllstoffe
- Für große Hunde gibt es Näpfe auf Gestellen in Schulterhöhe
- Das beste Futter ist nichts, wenn nicht Bewegung, Spiel und Liebe dazukommen
- Die schönsten Näpfe gibt es in der Designmanufaktur www.mein-napf.de

Easy Living mit Hund

Zu Hause bleiben und verreisen

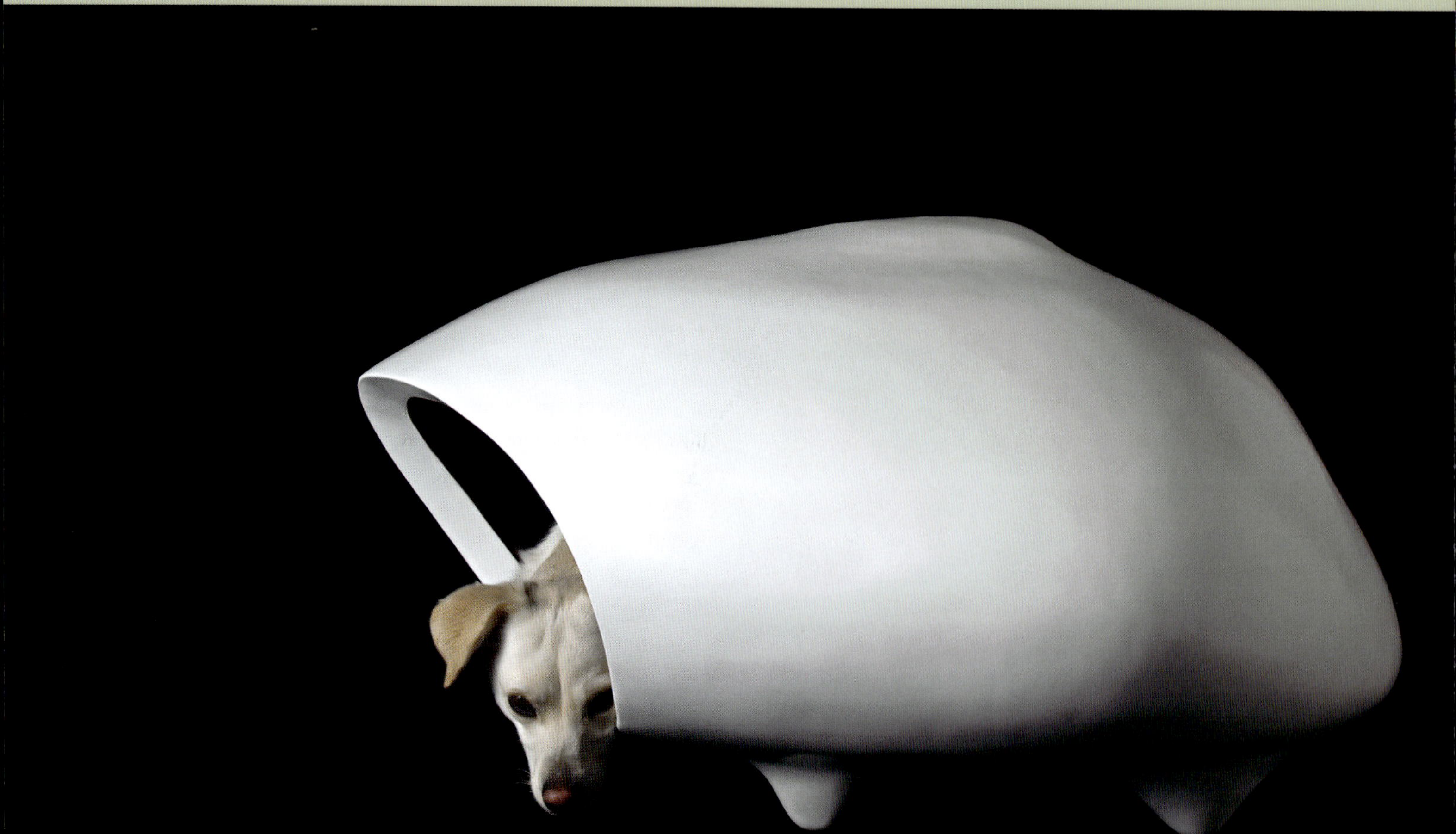

Geh nicht weg, oder nimm mich mit
Tipps fürs „Easy Living" mit Hund

- Wer kann, macht ein Zimmer zum „Mudroom", in dem der Hund nach dem Spaziergang geduscht wird und trocknen kann
- Teppichböden binden Dreck. Haare und Staub bleiben im Flor hängen und können einfach abgesaugt werden
- Fliesenböden sind am besten sauber zu halten und extrem belastbar. Die Nachteile: rutschgefährlich und hart
- Auf natürlichen Parkettböden fühlen sich Hunde sehr wohl. Zerkratzte Stellen kann man ab und zu abschleifen.

Oben und linke Seite Hundehütten spiegeln manchmal en miniature die Träume und Wünsche der menschlichen Hausbesitzer. Links ein futuristischer Kubus des Architekten Kurt Sattler, oben eine klassizistische Villa von Stephanie Kohlsaat-Rack.

Auf Tuchfühlung mit dem Tier

Die Zeiten, in denen Hunde aus zugigen Hundehütten sehnsüchtig in die warme Stube ihrer Herren schauten, sind vorbei. Vergangenheit ist auch die Abschiebehaft in heruntergekommenen Hundepensionen, von der Hunde in Ferienzeiten ein Lied jaulen konnten. Heute ist alles anders.
Wir fliegen nicht mehr nach Amerika, sondern fahren mit dem Wohnmobil an den Nordsee-Hundestrand, wir sind Vegetarier geworden oder verzichten auf den Zweitwagen, um den ökologischen Pfotenabdruck unseres Hundes – immerhin 8400 Quadratmeter jährlich – auszugleichen. (Die Haltung eines Goldfischs ist wahrscheinlich keine Alternative, obwohl er der Erde nur 3,4 Quadratmeter abtrotzt, was mit dem Verzicht aufs Handy wettzumachen wäre.)
Wir wischen dreckigen Pfoten hinterher, wir trotzen Wind und Wetter, wir kaufen einen weichen Teppichboden, obwohl er unpraktisch und unmodern ist. Warum das alles? Ganz einfach: um unsere Hunde glücklich zu machen.

Oben Urlaub am See ist für den waschechten Labrador das Schönste. Wenn er dann noch hundertmal einen Ball herausholen darf, kann man ihm jede Fernreise schenken.

Rechte Seite Hunde sind Gewohnheitstiere und passen sich bereitwillig dem Leben an, das ihnen geboten wird. Um ihnen klarzumachen, was sie erwartet, sollten Vielflieger ihre kleinen Co-Passagiere schon am Boden auf die enge Reisetasche oder die Transportbox vorbereiten.

Reisefieber

- Hunde bis 5 Kilo dürfen in der Kabine mitfliegen, besonders hundefreundlich ist aus subjektiver Erfahrung Air Berlin
- Hauptsache, dabei sein. Das gilt auch für langweilige Geschäftsreisen
- Der Handel hält alle möglichen Reiseuntensilien bereit. Besonders sportlich ist das Angebot von www.hundekomfort.de;
  außergewöhnlich schöne und praktische Reisetaschen gibt es bei Constance von Hirschberg www.reiseaccess.de

Lieblingsadressen und *Geheimtipps*

Kunst und Kunsthandwerk

Geschenke
servus.heimat
Brunnstr. 3 80331 München
www.servusheimat.com

Textile Accessoires und Schmuck
Stylehirsch
Unterthurnstr. 52 A-5412 Puch
www.stylehirsch.com

Alte Meister Hunde
Miriam von Jankó
Osdorfer Landstr. 233 22549 Hamburg
www.von-janko.de

Dog Art Gallery
ars canis
Zeißinger Weg 18 85643 Steinhöring
www.ars-canis.de

Ihr Hund als Kunstwerk
Dogs Gallery
Auf'm Keller 48 45149 Essen
www.dogs-gallery.de

Tierporträts
Sonja van Odijk
Mühlenstr. 3a 78359 Orsingen
www.portraits4dogsandcats.com

Zerbrechliche Lieblinge
Porzellan Manufaktur Nymphenburg
Nördliches Schlossrondell 8 80638 München
www.nymphenburg-porzellan.com

Illustrationen und Artwork
Mops Royal
Toemlingerstr. 12 81375 München
www.mops-royal.de

Accessoires zum Ausgehen

Indianisch inspirierte Lederhalsbänder
Tom Sander
Hartstr. 14 82275 Emmering
www.tom-sander-online-shop.com

Must have Halsbänder und Leinen
Elbhund
Brahmsallee 12 20144 Hamburg
www.elbhund.de

Feines für Hund und Mensch
Feinspitz
Sophienstr. 34 10178 Berlin
www.feinspitzhundeladen.com

Manufaktur für geflochtene Halsbänder
Die Flechtwerkstatt
Walderseestr. 11a 25551 Hohenlockstedt
www.dieflechtwerkstatt.de

Hunde von Welt
Cani di Mondo
Thüringer Str. 8 16547 Birkenwerder
www.canidimondo.de

Fürs Frauchen
Handbestickte Jacken aus Südafrika
Mambo Jambo – Dorothee von der Osten
Mambojambo@gmx.net
www.dorothee-von-der-osten.com

Lieblingsplätze

Finest Interiors for dogs and dog-lovers
Cloud 7
Schlesische Str. 31 10997 Berlin
www.cloud-7.eu

Hundestolz
Hohe Str. 35 40213 Düsseldorf
www.hundestolz.com

Linke Seite Mit einem Kissen von Cloud 7 bekommt man seinen Liebsten in doppelter Ausführung neben sich auf die Couch oder ins Bett. Die „Characters-Kollektion" von Petra Jungebluth umfasst 12 Hunderassen (und eine Katze).

Unwiderstehliches
fuchs und fionka
Steinstr. 5 10119 Berlin
www.fuchsundfjonka.de

Kuschelkörbchen und mehr
The Royal Dog and Cat
Heinersberg 9 95111 Rehau
www.the-royal-dog-and-cat.de

Halali
Wilde Zeiten
Im Hohn 8 53177 Bonn
www.wildezeiten.net

Exklusive Hundehütten und -kissen
Hundevillas
Am Eichengrund 3 21220 Seevetal
www.hundevillas.de

Hundezelte
Hundeträume
Baststr. 21 90427 Nürnberg
www.hundezelte.de

Maßgemachte und bemalte Hundebetten aus Holz
Principalities von Deichmann AG
Stein-Egerta 26 FL-9494 Schaan Fürstentum Liechtenstein
www.principalities.li

Besser Fressen

Näpfe
Mein Napf
Ringstr. 2b 64646 Heppenheim
www.mein-napf.de

Dog eats Royal
Castleberg Royal
Sales Office Europe and Asia
info@castleberg.net
www.castleberg-royal.com

Futter mit Stern
Terra Canis
Bismarckstr. 2 80803 München
www.terracanis.de

Für Brave Hunde (und solche, die es werden sollen)
Mr. Wilson's Hundebäckerei
Bruckenackerstr. 25 70794 Filderstadt
www.wilsons-hundekekse.de

Zu Hause bleiben und verreisen

The small home
Petit GbR
Palanterstr. 9f 50937 Köln
www.petit-online.de

Das Festival für Hundefreunde
h.und
Schlosspark 86926 Greifenberg am Ammersee
www.hundefestival.de

Urlaubshund
Agentur lodging
Vermittlung privater Ferienhäuser
Hauptstr. 12 25548 Kellinghusen
www.urlaubshund.de

Hundehotel mit Luxus-Standard
Canis Resort
Elisabethstr. 23 80796 München
www.canis-resort.com

Hundeschlosshotel
Care Royal GmbH
Schlossparkstr. 33 71706 Markgröningen
www.care-royal.de

Rechte Seite oben Hundestolz im wahrsten Sinn des Wortes. Der Düsseldorfer Shop gleichen Namens bietet Produkte, die Spaß und Funktionalität vereinen.

Rechte Seite unten links Jäger und Gejagter. Der Borderterrier Eddy ruht sich auf der „selbst erjagten" Fuchsdecke aus.

Rechte Seite unten rechts Hals-Schmuck: Für jede Hundepersönlichkeit gibt es das ideale Halsband. Hier ein Vorschlag von „The Royal Dog and Cat" für starke Charaktere.

Beautytipps

Fell- und Körperpflege
Der gepflegte Hund
Ferchastr. 22 82319 Starnberg
www.hundepflege-starnberg.de

Sauber-Sortiment
Melitta Haushaltsprodukte GmbH & Co. KG
Ringstr. 99 32427 Minden
www.tierisch-swirl.de

Cat & Dog Staubsauger
Miele & Cie. KG
Carl-Miele-Str. 29 33332 Gütersloh
www.miele.de

Das Hundesprudelbad
Sanwhirl
An der Dornwiese 3 82166 Gräfelfing
www.sanwhirl.com

Fotografie und Literatur

Kinderbücher und Hunde-Spielkarten
Tigerherz Verlag
Rößlstr. 7 82067 Zell
www.tigerherz.com

Druckfrisch
Katharina von der Leyen
Der Witz mit Fritz und dem Sitz
Ullstein Buchverlag, Berlin
www.ullstein.de

Ratgeber
Gudrun Beckmann
Welcher Hund passt zu mir?
Cadmos Hundepraxis
www.cadmos.de

Hunde-Lifestyle-Magazin
dogs
Am Baumwall 11 20459 Hamburg
www.dogs-magazin.de

Animal Photography
Debra Bardowicks
Hemmingstedter Weg 2b 22607 Hamburg
www.animal-photography.de

Tierschutz, der uns besonders am Herzen liegt

Canis Gratia – unterstützt von Agnieszka Draabe
www.canis-gratia.de

Casa Cainelui – unterstützt von Katerina Jacob
www.tierhilfe-kowaren.com

PEACE – Pazin Educational Animal Center – unterstützt von Gräfin Charlotte von Bismarck
minka.vaningen@pu.t-com.hr

Welpennothilfe – unterstützt von Katharina von der Leyen
www.welpennothilfe.de

Rechte Seite oben Die amerikanische Firma Brunschwig & Fils ist berühmt für naturalistische und phantasievolle Stoffe und Tapeten. Leider sind die klassischen bunten Hunde vergriffen. Weitere Informationen über www.hs-stoffe.de.

Rechte Seite unten links Hundekunst ist ein ernst zu nehmendes Sammlergebiet. Dieser Mops wurde von Inka Büttner kreiert.

Rechte Seite unten rechts Der Abendkleidentwurf für ein mittelgroßes Hundemodel stammt von den berühmten Modedesignern Talbot Runhof. Es wurde bei einer Modenschau auf dem Festival „h.und" gezeigt und zugunsten des Tierschutzes versteigert.

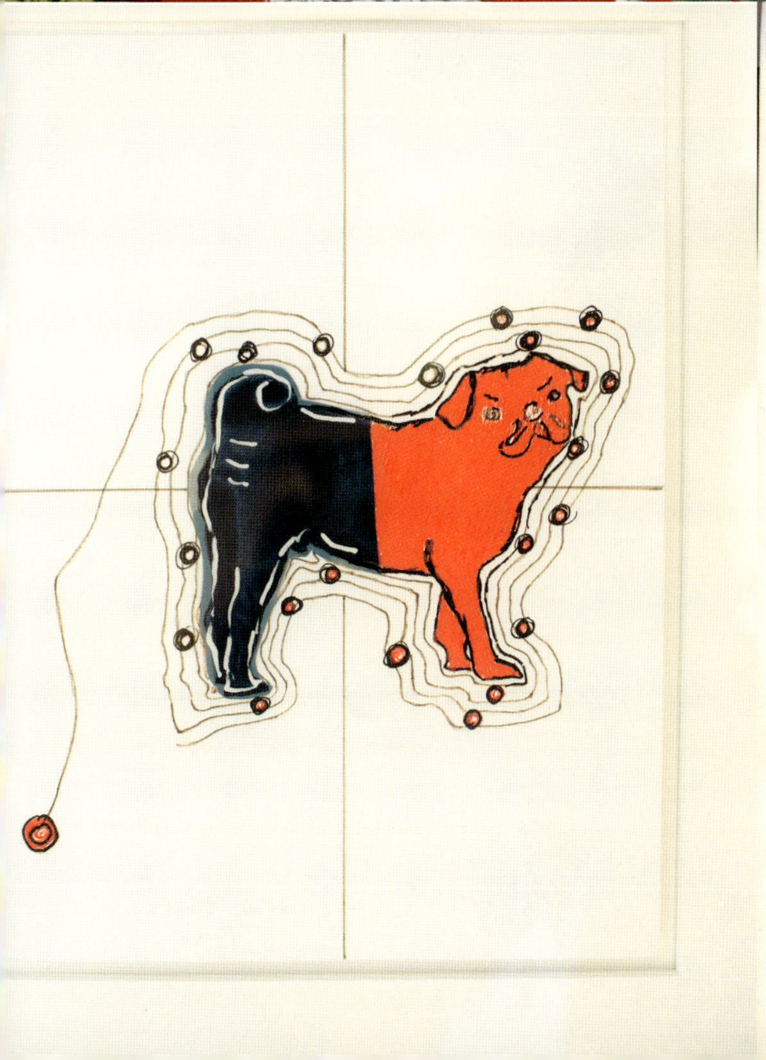

Bildnachweis

Alle Fotos in diesem Buch stammen von Anja Hölper, mit Ausnahme von:

Seite 152 links unten
©Porzellan Manufaktur Nymphenburg
Seite 160 oben
©Benedikt von Perfall
Seite 166
Entwurf: Kurt Sattler, Wien/Los Angeles
Foto: ©Alexander Koller
Seite 167
Entwurf: Hundevillas
Foto: ©Claudia Janke
Seite 168
©Niels Kummer
Seite 173 oben
©Hundestolz – Uschi Fellner
Seite 175 oben
Stoff von Brunschwig & Fils
Seite 175 unten links
Entwurf: Talbot Runhof
Seite 175 unten rechts
©Cloud 7

Impressum

Streitfeldstraße 35, 81673 München
www.callwey.de
E-Mail: buch@callwey.de

Bibliografische Information der Deutschen Nationalbibliothek
Die Deutsche Nationalbibliothek verzeichnet diese Publikation in der Deutschen Nationalbibliografie; detaillierte bibliografische Daten sind im Internet über <http://dnb.d-nb.de> abrufbar.

ISBN 978-3-7667-1882-2

Lektorat: Büro Anne Funck, München
Umschlaggestaltung: independent medien-design, München
Layout und Satz: Dorothee Griesbeck, griesbeckdesign, München
Druck und Bindung: Stürtz GmbH, Würzburg

Printed in Germany 2011